“十四五”时期国家重点图书出版专项规划项目
中国地质调查成果 CGS 2024-019
宜昌市国家生态文明示范区综合地质调查研究系列丛书

宜昌市自然资源图集

YICHANG SHI ZIRAN ZIYUAN TUJI

李梦茹　周丹坤　姜　华　刘亚磊　刘　磊　刘阿睢
王　允　阮恒丰　徐宏林　廖　金　张　鲲　章　昱　编著

中国地质大学出版社
ZHONGGUO DIZHI DAXUE CHUBANSHE

图书在版编目（CIP）数据

宜昌市自然资源图集 / 李梦茹等编著. —武汉：中国地质大学出版社，2024. 11. — (宜昌市国家生态文明示范区综合地质调查研究系列丛书).
ISBN 978-7-5625-5952-8

Ⅰ.X372.633-64

中国国家版本馆CIP数据核字第2024KJ6466号
审图号：宜昌市S（2024）007号

宜昌市自然资源图集

李梦茹　周丹坤　姜　华　刘亚磊　刘　磊　刘阿睢　王　允　阮恒丰　徐宏林　廖　金　张　鲲　章　昱　**编著**

责任编辑：韦有福　　选题策划：韦有福　　责任校对：何澎语

出版发行：中国地质大学出版社（武汉市洪山区鲁磨路388号）　　邮政编码：430074
电　　话：（027）67883511　　传　　真：（027）67883580　　E-mail:cbb @ cug.edu.cn
经　　销：全国新华书店　　http://cugp.cug.edu.cn

开本：880mm×1230mm 1/8　　字数：300千字　印张：9.5
版次：2024年11月第1版　　印次：2024年11月第1次印刷
印刷：中煤地西安地图制印有限公司　　印数：1—500册

ISBN　978-7-5625-5952-8　　定价：198.00元

如有印装质量问题请与印刷厂联系调换

前　言

党的十八大对生态文明建设作出了战略部署，十九大和二十大也都明确要求紧紧围绕建设美丽中国深化生态文明体制改革，加快建立生态文明制度，健全国土空间开发、资源节约利用、生态环境保护的体制机制，推动形成人与自然和谐发展的现代化建设新格局。

为充分发挥地质工作优势，更好地支撑服务宜昌市生态文明建设和自然资源管理、国土空间规划、用途管制和生态修复，自然资源部中国地质调查局组织有关单位，充分利用“宜昌市生态文明示范区综合地质调查”工程调查最新成果，同时系统收集了宜昌市自然资源和规划局、宜昌市生态环境局等有关部门的土地、水、森林、草地、林地等调查监测数据，编制完成《宜昌市自然资源图集》。本图集以自然资源为主题，由自然地理与地质背景、矿产资源与清洁能源、水资源、土地资源、地质灾害、地质遗迹与自然保护区、资源环境承载能力与国土空间开发适宜性评价7个专题构成，共计54张图件，初步形成以下基本判断和认识：

一是宜昌市水资源空间分布特征较为明显，单位面积水资源量表现为南北高、中间低，西部山区水资源量丰富，东部平原岗地区水资源量少。可利用地表水资源量约为$143\times10^8m^3$，总体表现为自西向东逐渐减少；地下水资源量为$41.25\times10^8m^3$。宜昌地区水环境所承受的压力较大，污染较为严重的区域与宜昌市主要的工业生产区重叠，分布生产规模大小不等的工业企业较多，区域水环境存在受污水排放影响而富营养化的风险，需持续推进流域生态保护与修复工作。

二是宜昌市矿产资源丰富，已查明各类矿产10类88种（含亚矿种），占全国已发现矿种（172种）的51.16%，其中磷、锰等16种矿产为优势矿产。宜昌市经济发展以矿产资源开发为主，矿产资源的开发和配套的工业体系进一步压缩了宜昌市的土地资源，导致宜昌市历史发展过程中产生并遗留了一系列的资源环境问题，亟待开展矿山环境综合整治与生态修复，推进绿色矿山建设。

三是宜昌市自然历史文化景观资源丰富，形成了省级以上标准的地质遗迹资源共66处，其中国家级地质遗迹资源11处，黄花场、王家湾地层剖面以及长阳生物群、三峡和远安张家湾动物群达到了世界级地质遗迹标准；全市总共拥有各类旅游景点747处，其中A级旅游景区44家，包括AAAAA级4家，在全国地级市中仅次于苏州市，与洛阳市并列第二位，具备推进生态文化产业发展的特色资源禀赋条件。

四是宜昌市依托生态环境和自然资源优势，将特色资源优势转换成经济发展优势，发展了茶叶、柑橘、高山蔬菜等特色农业产业，是全国知名的“橘都茶乡”，也是“万里茶道”的重要节点城市，其农业经济围绕长江干流、清江、香溪河、黄柏河和沮漳河发展布局，具有发展多样化特色农业和乡村旅游的基础与潜力。

五是以矿产资源开发为主，土地利用为辅，围绕水循环过程中物质迁移转换导致的以水土环境污染问题为核心的“水、土、矿”等制约条件和要素进行宜昌市资源环境承载能力与国土空间开发适宜性评价，支撑宜昌市国土空间规划编制，为宜昌市生态保护、农业发展和城镇建设等提出切实可行的建议。

本图集在自然资源部中国地质调查局指导下编制，具体由中国地质调查局武汉地质调查中心牵头，联合北京地质矿产研究院、中国地质大学（武汉）等单位共同完成。在编制过程中，宜昌市人民政府、宜昌市自然资源和规划局、宜昌市生态环境局、湖北省地质局第七地质大队、湖北省地质调查院、中国地质环境监测院、中国地质大学（北京）、武汉华信科技技术有限公司、湖北省地质局水文地质工程地质大队、湖北省生态环境科学研究院等相关单位给予了相关资料及技术支撑。

由于图集内容涉及面广、信息量大，受时间、编著者水平和经验限制，图集中难免存在不妥之处，敬请批评指正。

编著者

2024年5月

目 录

地理底图图例

地级行政中心

县(市、区)级行政中心

乡镇（街道）级行政中心

高速铁路

在建高速铁路

隧道

铁路

高速公路及编号

在建高速公路及编号

国道及编号

在建国道

省道

省级界

地级界

县界

乡镇界

工作区范围界

常年河及湖泊

1 自然地理与地质背景

1.1 遥感影像图

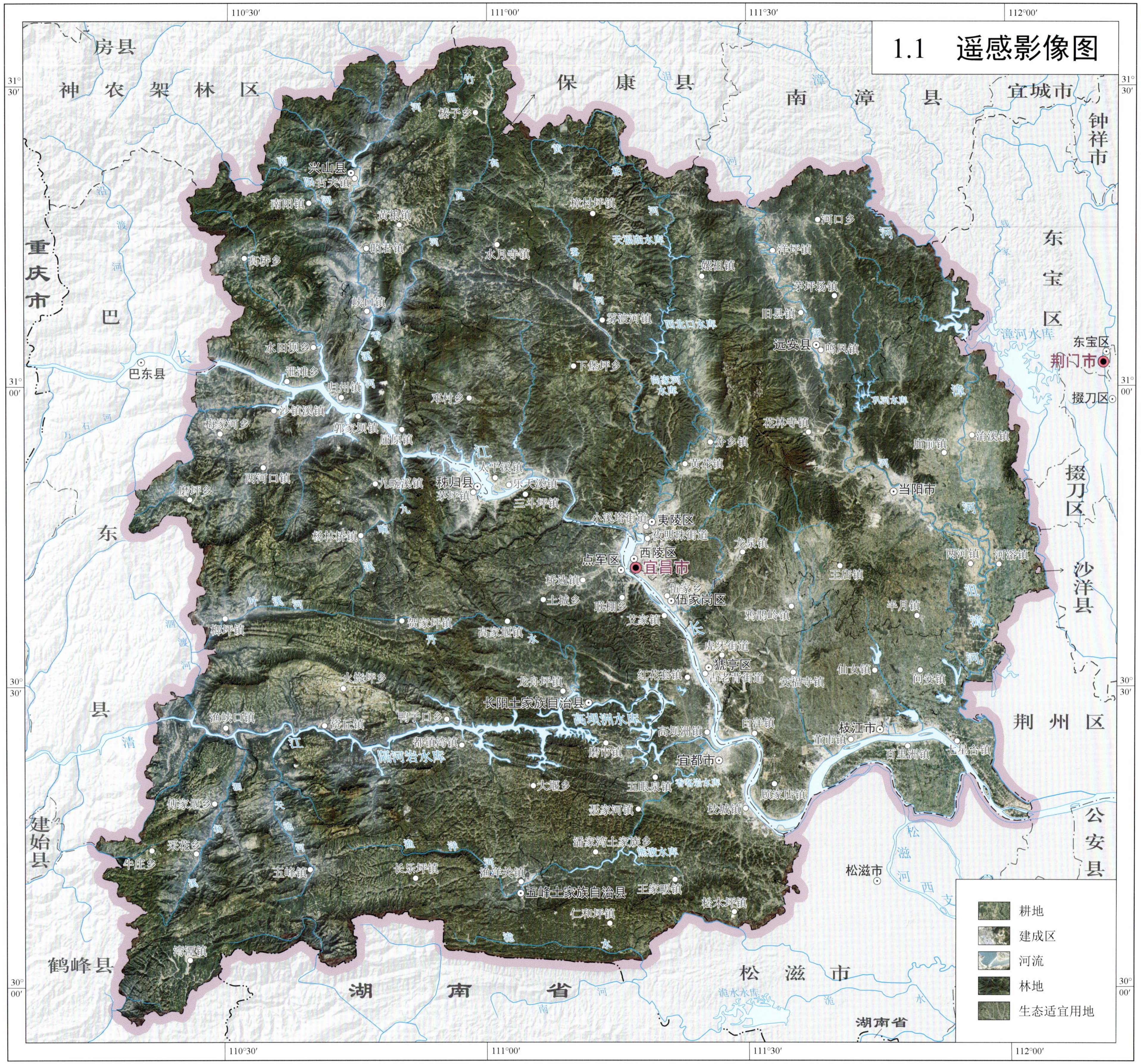

宜昌市位于湖北省西南部，东经110° 15′—112° 04′，北纬29° 56′—31° 34′，地处长江上游与中游的交汇处，鄂西山区向江汉平原的过渡地带，“上控巴蜀，下引荆襄”，是我国中部腹地承东接西、南北交流的中枢。

宜昌市国土面积21 221.17 km^2，其中耕地面积约3 869.68 km^2，占总面积的18.23%；林地面积约14 470.15 km^2，占总面积的68.19%；建成区面积212.27 km^2，占总面积的1.00%；河流面积637.39 km^2，占总面积的3.01%；生态适宜用地面积2 031.68 km^2，占总面积的9.57%。

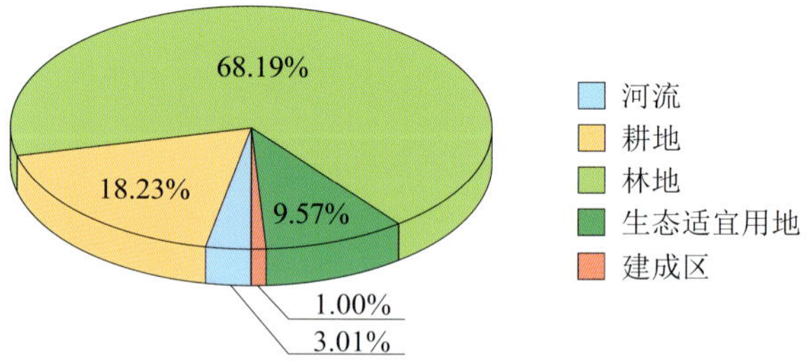

主要土地类型面积占比图

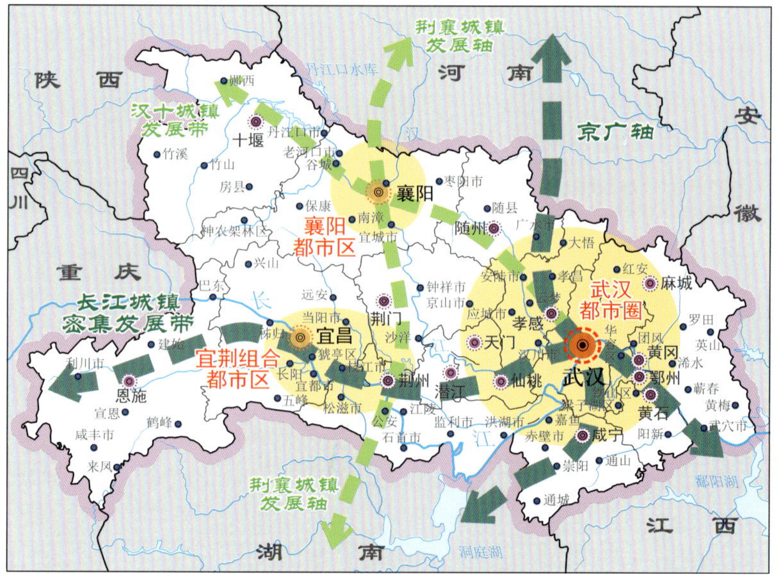

宜昌在湖北城镇体系中的位置

一级发展轴线　二级发展轴线　都市圈
省级中心城市　省级副中心城市　区域性中心城市
县市域中心城市　省级行政中心　地级行政中心
县级行政中心　省界　地级界

资料来源：中国地质调查局遥感数据（2020年）。

1∶830 000　0　8.3　16.6　24.9 km

1.2 地势图

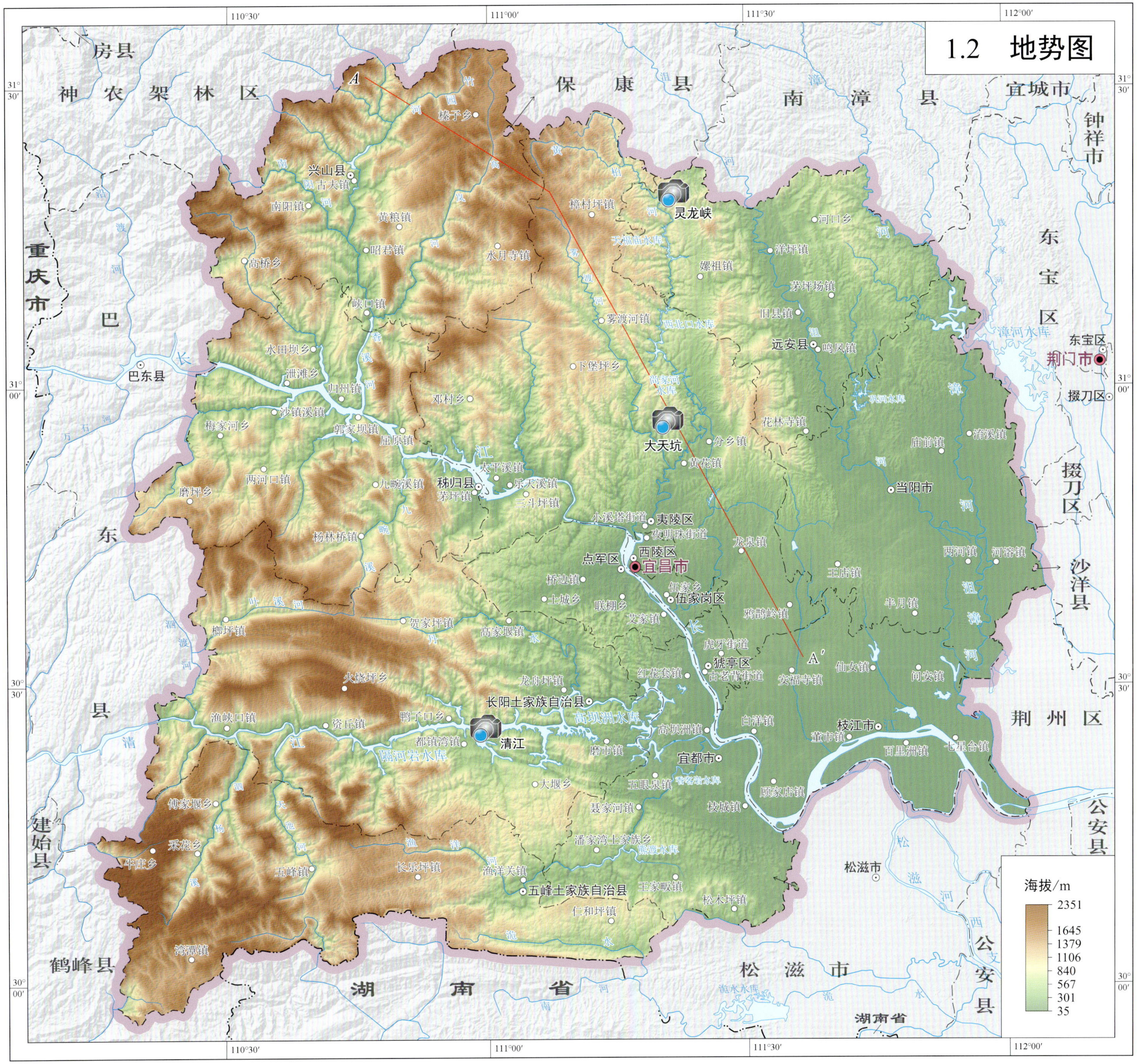

资料来源：中国地质调查局遥感数据解译（2020年）。 1∶830 000 0 8.3 16.6 24.9 km

宜昌市地形比较复杂，西高东低，高低相差悬殊。西部山地占全市总面积的69%，主要分布在兴山县、秭归县、长阳土家族自治县(长阳县)、五峰土家族自治县（五峰县）和夷陵区的西部，大部分山脉海拔在1000 m左右。举世闻名的长江三峡之一的西陵峡位于宜昌市境内。兴山县仙女山海拔2427 m，为全市最高峰。中部丘陵处于山地与平原的过渡地带，由低山或坡度较缓、连绵不断的高阶地经长期风化、剥蚀和切割而成，海拔100～500 m，占总面积的21%，分布在远安、宜都、夷陵区的东部和当阳北部。东部平原区位于江汉平原西缘，海拔在100 m以下，枝江市的杨林湖海拔35.1 m，为全市最低点。全市总体构成“七山二丘一分平”的地貌格局。

宜昌典型地貌

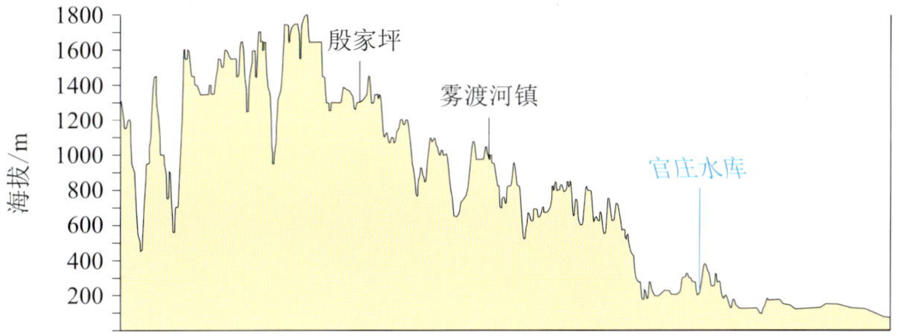

A–*A*′ 剖面地势图

1.3 地形地貌分区图

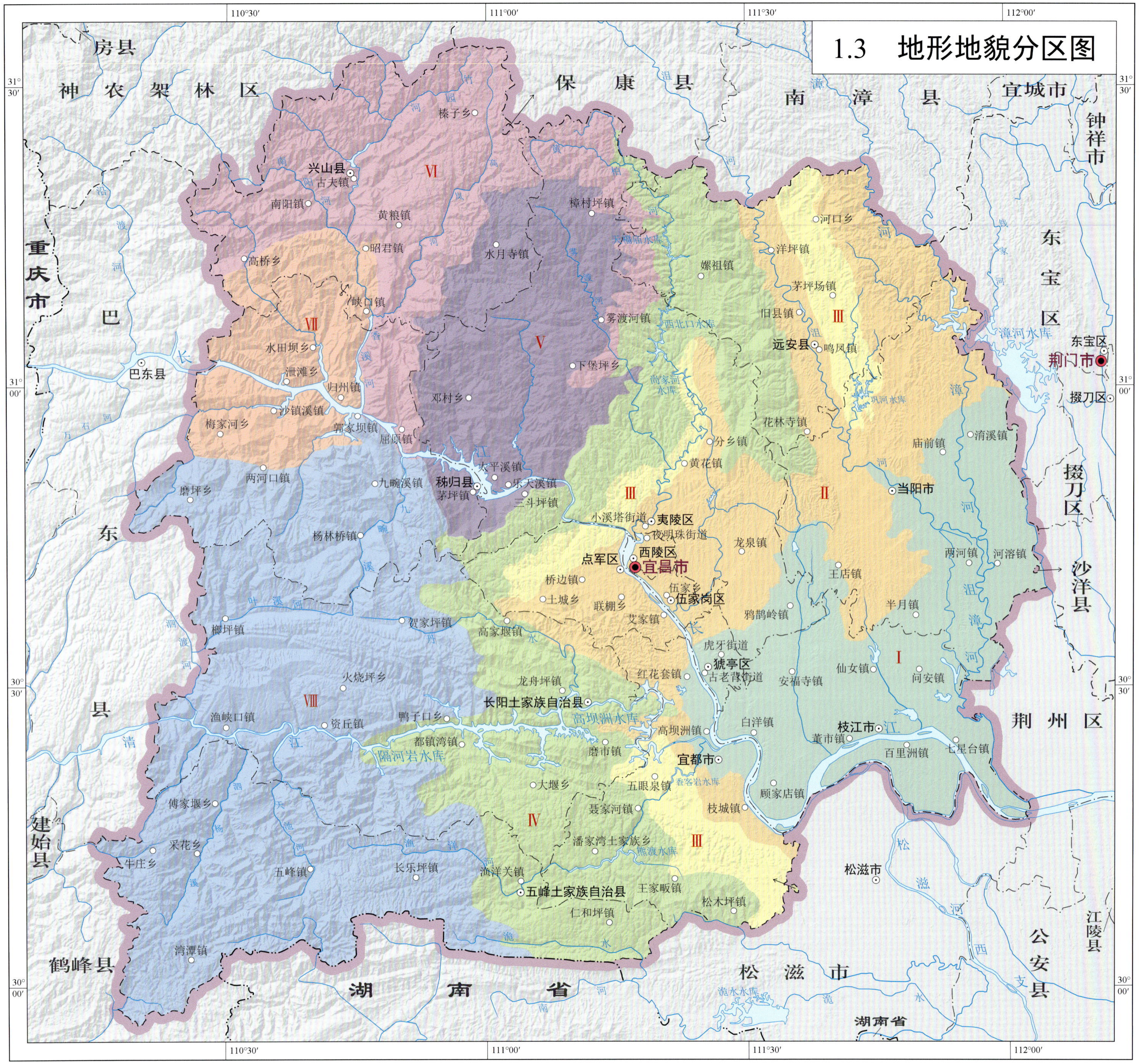

1∶830 000

0 8.3 16.6 24.9 km

山地是宜昌地貌的主体，主要分布在兴山县、秭归县、长阳县、五峰县及夷陵区的北部和西部，是地质灾害主要发生地区。丘陵分布于远安县、夷陵区、宜都市东部和当阳市北部。平原区属于江汉平原的西侧组成部分，分布在枝江市、当阳市东南部、宜昌城区东南部，远安县中部等，沿长江，清江下游和沮漳河流域河谷两侧，是农耕之地。

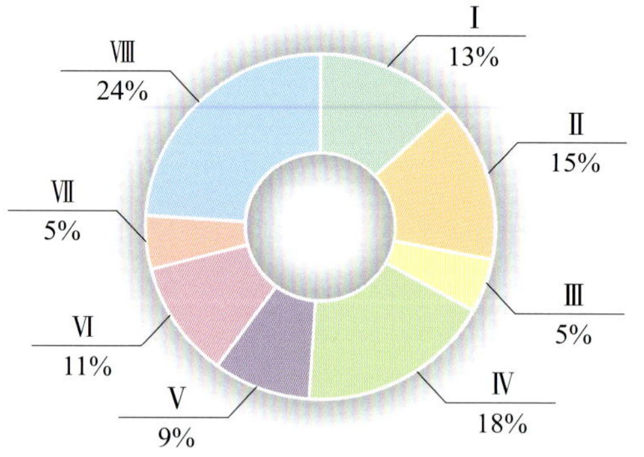

各地貌分区占全市总面积比例图

- 江汉平原区
- 沉积碎屑岩丘陵宽谷区
- 碳酸盐岩低缓丘陵区
- 碳酸盐岩沉积碎屑岩低山区
- 秦巴山区岩浆岩变质岩高中山区
- 秦巴山区碳酸盐岩高中山区
- 秭归盆地沉积碎屑岩碳酸盐岩中低山区
- 武陵山区碎屑岩碳酸盐岩高中山区

地貌分区面积统计表

编号	名称	面积 /km²
Ⅰ	江汉平原区	2 789.14
Ⅱ	沉积碎屑岩丘陵宽谷区	3 223.22
Ⅲ	碳酸盐岩低缓丘陵区	1 086.07
Ⅳ	碳酸盐岩沉积碎屑岩低山区	3 816.46
Ⅴ	秦巴山区岩浆岩变质岩高中山区	1 811.47
Ⅵ	秦巴山区碳酸盐岩高中山区	2 382.38
Ⅶ	秭归盆地沉积碎屑岩碳酸盐岩中低山区	1 129.31
Ⅷ	武陵山区碎屑岩碳酸盐岩高中山区	5 044.80

资料来源：中国地质调查局遥感数据解译（2020年）。

宜昌市位于扬子陆块的西部，地层区划隶属扬子地层区上扬子地层分区，地层出露连续、齐全，从太古宙、古生代、中生代至新生代皆有不同程度的分布。太古宇—中元古界变质岩地层主要岩性为片岩、片麻岩等；新元古界南华系沉积岩地层为碎屑岩建造，主要岩性为砂砾岩、砂岩、杂砂岩、硅质岩等；新元古界震旦系沉积岩地层为碳酸盐岩建造，主要岩性为灰岩、白云岩等；寒武—奥陶—志留系沉积岩地层为碳酸盐岩与碎屑岩建造，主要岩性为灰岩、白云岩、粉砂岩、泥岩等；泥盆—石炭—二叠系沉积岩地层为碎屑岩建造，主要岩性为砂岩、页岩、粉砂岩等；三叠系沉积岩地层为碳酸盐岩及碎屑岩建造，主要岩性为灰岩、白云岩、粉砂岩等；侏罗系沉积岩地层为碎屑岩建造，主要岩性为砂岩、泥岩等；白垩系、古近系、新近系沉积岩地层为碎屑岩建造，主要岩性为紫红色砂岩、砾岩、砂砾岩等；第四系松散沉积层为第四系砂石土建造，主要岩性为黏土、卵石、砂、砾石等；侵入岩主要为新太古代、中新元古代中酸性侵入岩及少量中太古代、中新元古代（超）基性侵入岩，主要岩性为花岗岩、闪长岩、辉长岩等。

Q	第四系	O	奥陶系	$\eta\gamma$	二长花岗岩
N	新近系	∈	寒武系	Σ	超基性岩组
E	古近系	Z	震旦系	$\xi\gamma$	正长花岗岩
K	白垩系	Nh	南华系	$\delta o\beta$	黑云母石英闪长岩
J	侏罗系	Pt	元古宇	DCP	泥盆—石炭—二叠系
T	三叠系	Ar	中太古界		地质界线
P	二叠系	γ	花岗岩		断层
D	泥盆系	$\gamma\delta$	花岗闪长岩		
S	志留系	$\gamma\delta\pi$	花岗闪长斑岩		

1.5 工程地质图

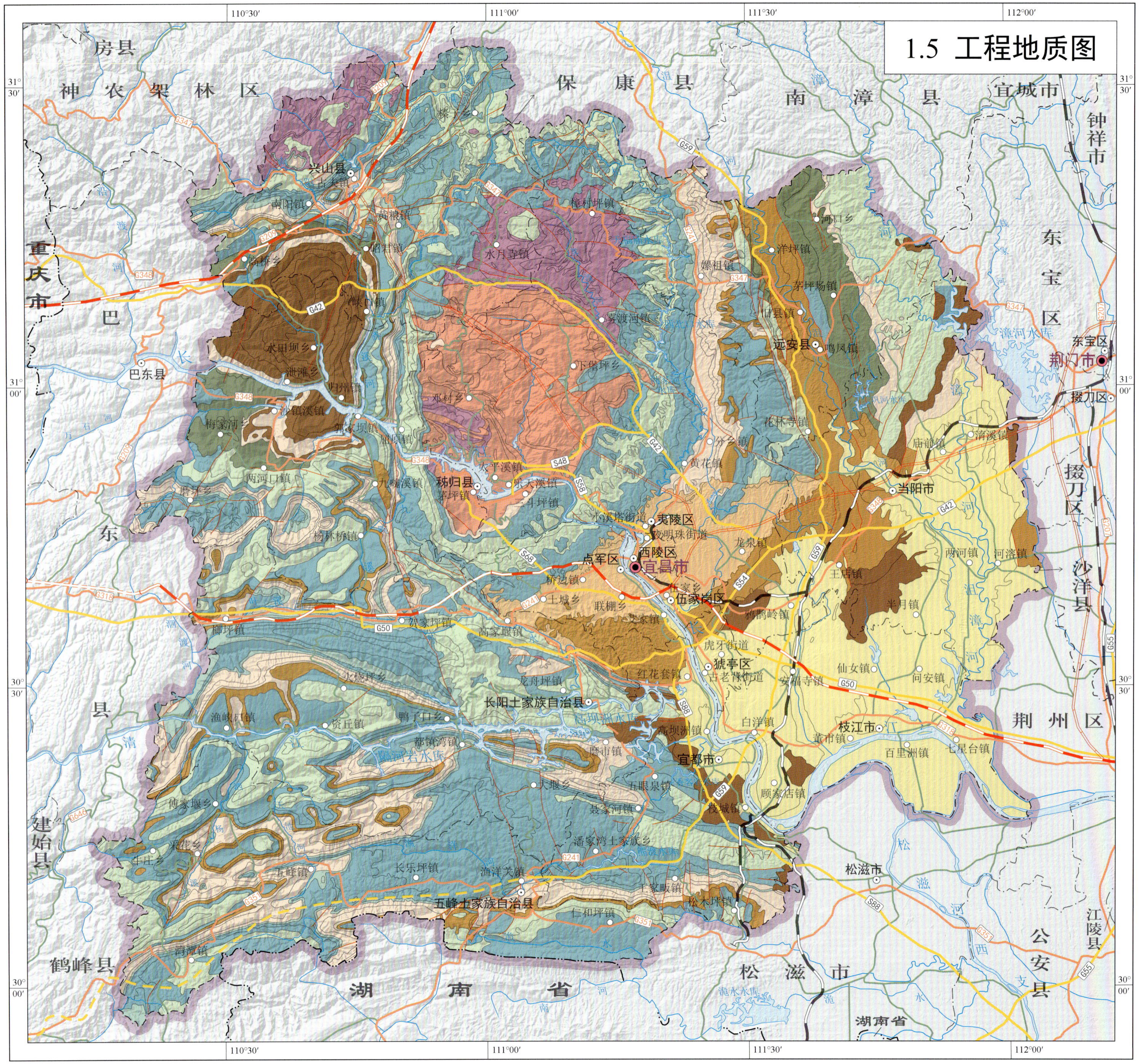

根据岩（土）体工程地质特性，宜昌市岩（土）体划分为5个岩类：块状岩浆岩岩类、块状—片状变质岩岩类、层状碳酸盐岩岩类、层状碎屑岩岩类、第四系松散岩岩类。块状岩浆岩岩类分布于黄陵背斜核部，占全市总面积的5%，岩体完整性好，强度高，表部风化壳较厚。块状—片状变质岩岩类分布于黄陵背斜核部，占全市总面积的3%，岩石坚硬，力学强度较高，片麻理构造裂隙发育，表层有较厚的风化壳。厚层风化壳的不稳定性是岩浆岩、变质岩岩类的主要工程地质问题。层状碳酸盐岩岩类主要分布于黄陵背斜周翼、长阳复背斜北翼及武陵山等地区，占全市总面积的49%，岩石具层状结构，强度较高，岩溶发育富含岩溶裂隙水，受岩溶作用影响，易产生岩溶塌陷、斜坡变形等工程地质问题，根据岩石结构、岩溶发育程度的差异划分为4个岩组。层状碎屑岩岩类主要分布于秭归盆地以及南部武陵山区局部，占全市总面积的29%，岩石原生沉积结构面发育，岩石的物质成分和胶结性状有所不同，工程地质性质的差异性明显，可划分为4个岩组，岩体抗滑稳定性是其主要工程地质问题。第四系松散岩岩类主要为冲洪积、残坡积黏性土、砂土、砾、卵石土，分布于宜昌市东部平原丘陵区，占全市总面积的14%，土体结构松散，不均匀沉陷是其主要工程地质问题。

1. 第四系松散岩岩类
   - 冲洪积、残坡积黏性土、砂土、砾、卵石土
2. 层状碎屑岩岩类
   - 坚硬厚层状砂岩为主岩组
   - 较坚硬至软弱中层状砂岩与黏土岩互层岩组
   - 较坚硬至软弱块状—厚层状砾岩砂岩互层岩组
   - 软弱薄层状黏土岩为主岩组
3. 层状碳酸盐岩岩类
   - 较坚硬至较软弱薄—中厚层状碎屑岩与碳酸盐岩互层岩组
   - 坚硬厚层状强岩溶化碳酸盐岩岩组
   - 较坚硬中层状中强岩溶化碳酸盐岩夹碎屑岩岩组
   - 较坚硬中—厚层状弱岩溶化碳酸盐岩岩组
4. 块状—片状变质岩岩类
   - 坚硬至较坚硬块状—片状片麻岩、混合岩、片岩岩组
5. 块状岩浆岩岩类
   - 坚硬块状花岗岩斜长花岗岩岩组

资料来源：根据1∶25万区域地质、1∶5万工程地质调查、1∶5万地质灾害调查等资料整编。

1∶830 000　0　8.3　16.6　24.9 km

1.6 人口分布与GDP统计图

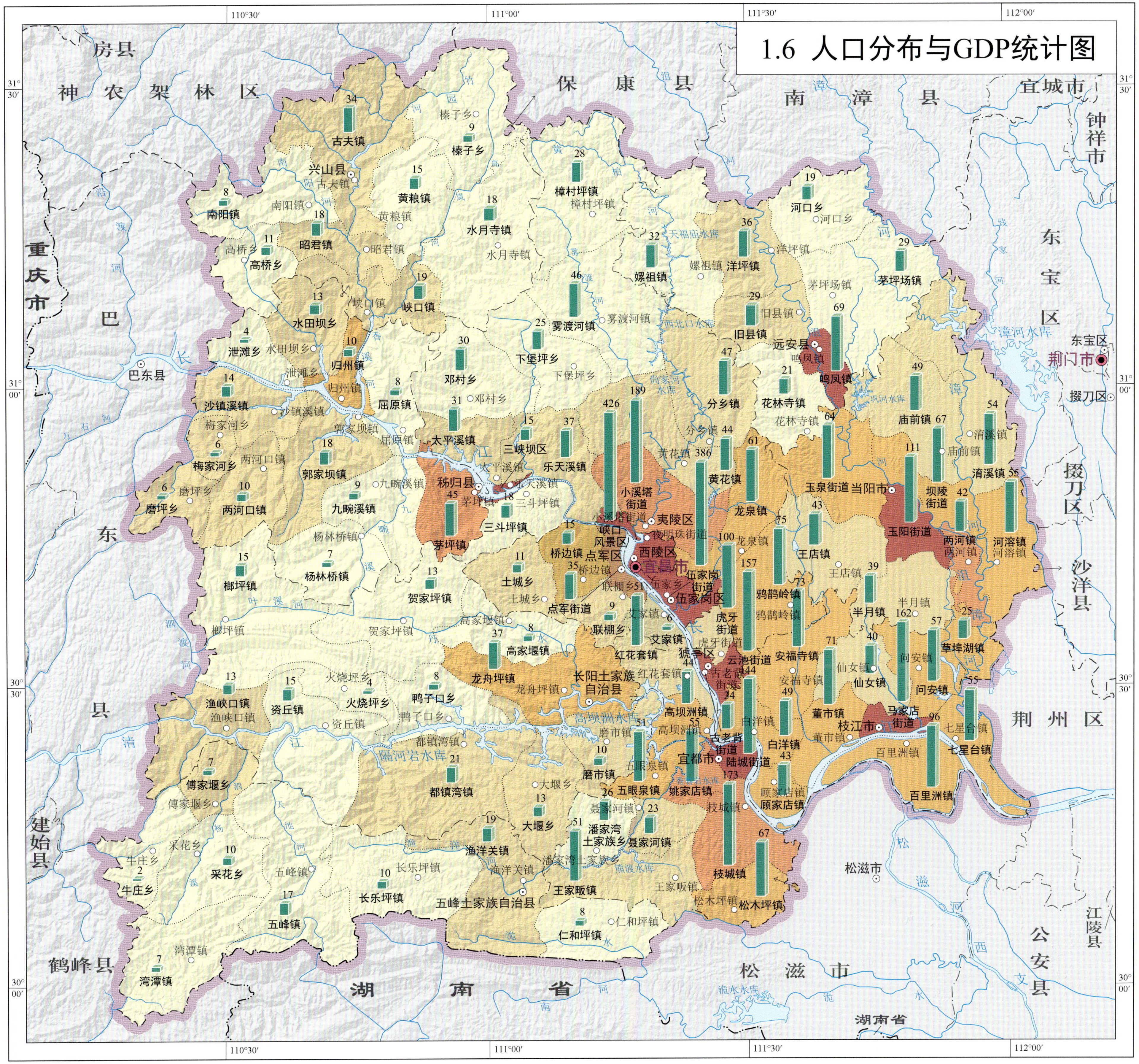

资料来源：中国地质调查局遥感数据解译（2020年）。

1∶830 000　0　8.3　16.6　24.9 km

人口密度/（人·km^{-2}）

≤100

100～200

200～400

400～600

>600

各乡镇GDP总量/亿元

450　150　50　25　0

宜昌市共有辖区13个，包括5个区、5个县和3个县级市。截至2019年底，宜昌市常住人口413.79万人，人口密度195人/km^2，其中西陵区和伍家岗区的常住人口密度大，均超过2800人/km^2，西陵区的常住人口密度高达6700人/km^2；兴山县和五峰县的常住人口密度小，均小于100人/km^2。2015—2019年，宜昌市人口呈低速平稳增长的趋势，由411.50万人增加至413.79万人。

宜昌市社会经济发展逐年增长，全市地区生产总值（GDP）由2015年的3 384.80亿元增加到2019年的4 460.82亿元，增加了1 076.02亿元，年均增长5.68%。从近5年各县（市、区）GDP总量年均增长率来看，增速最快的是西陵区和点军区，年均增长率在8.5%以上；增速最慢的是远安县和当阳市，年均增长率不足3%。

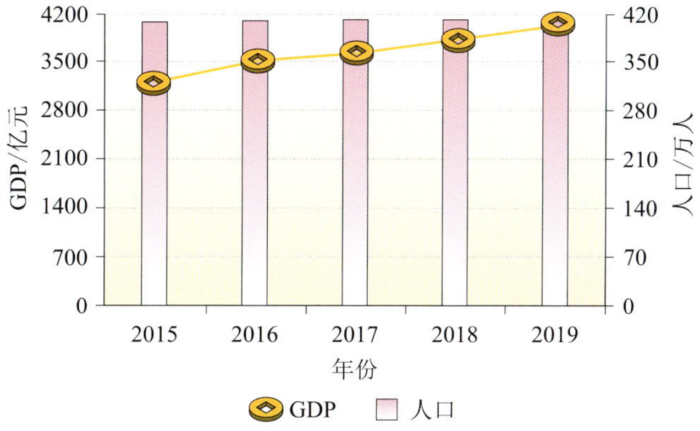

2015—2019年宜昌市常住人口与GDP统计图

2 矿产资源与清洁能源

2.1 矿产资源分布图

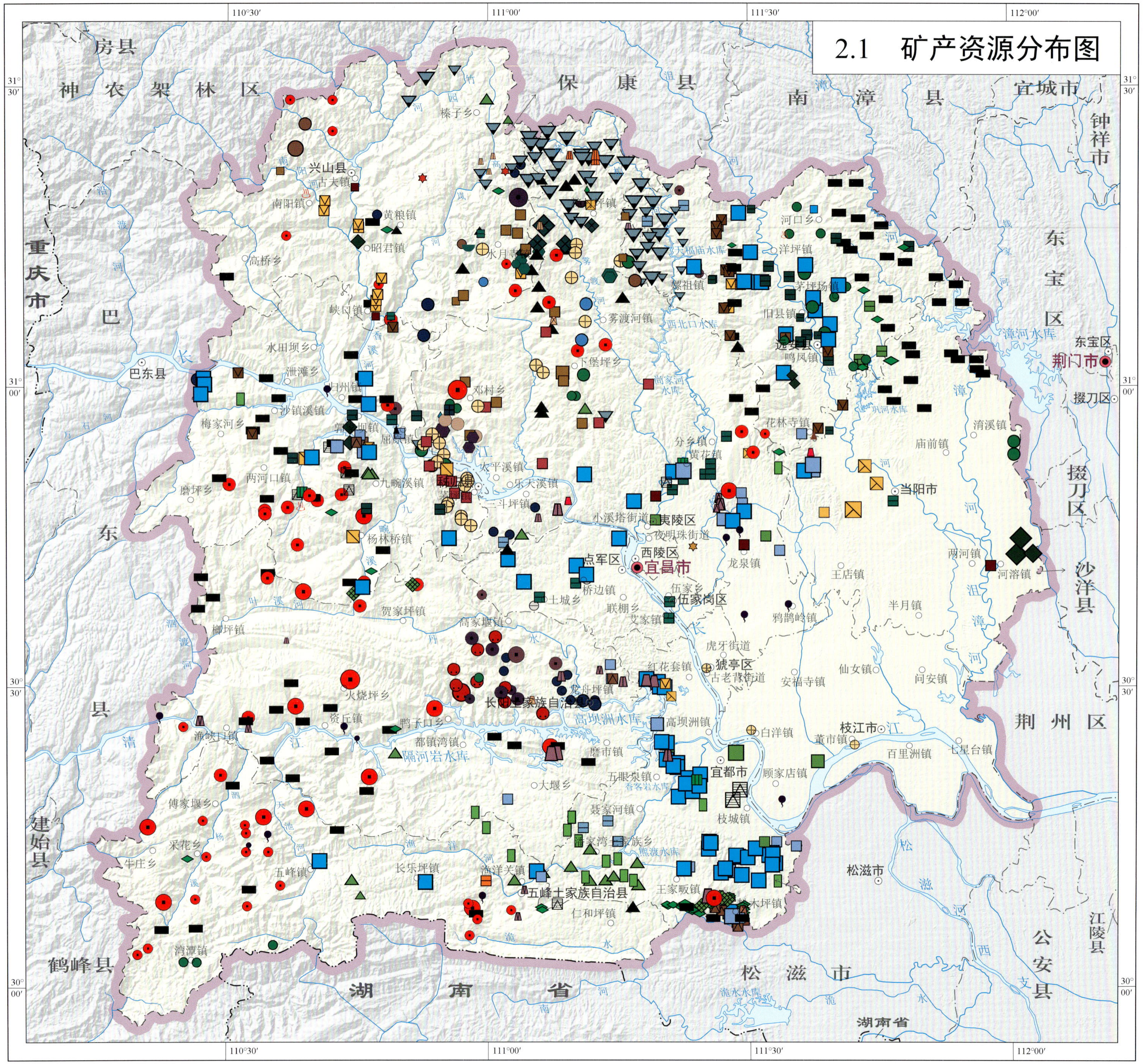

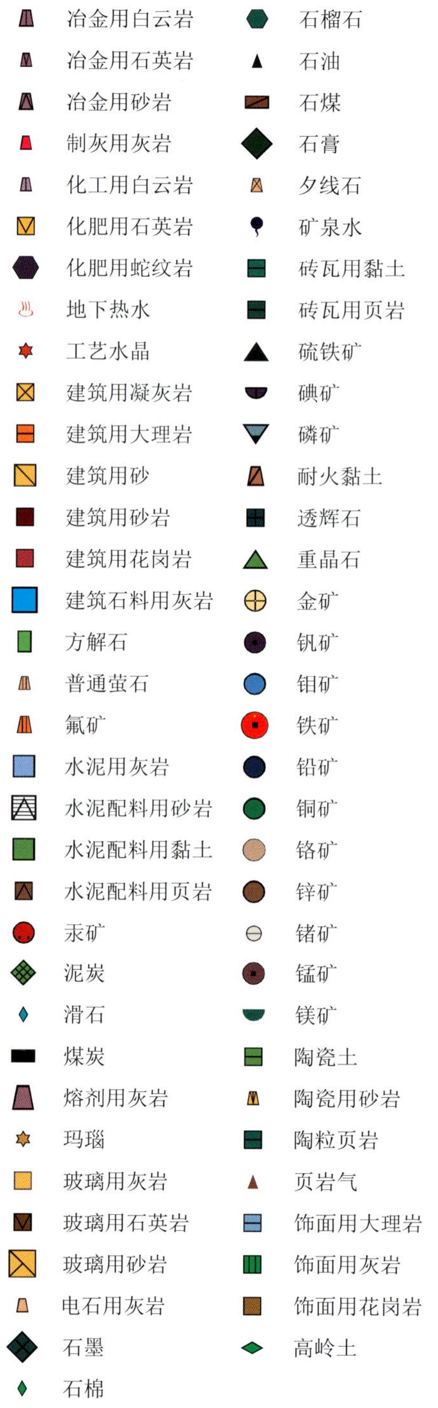

宜昌市有矿产资源88种（含亚种），其中已查明矿产资源储量48种，矿床点740个，已探明大型矿床46个，中型矿床59个。锰矿、磷矿、铬矿、汞、石墨、玻璃硅质储量位居湖北省前列。截至2019年底，全市磷矿保有资源储量达40×10^8 t以上，为全国六大矿区之一，居全国之首，石墨矿保有资源储量143.96×10^4 t，页岩气目标区P_{50}总地质资源量$7\ 945.88 \times 10^8$ m^3。

宜昌市矿产资源一览表

单位：个

序号	矿产类型	矿产种类	矿床个数			
			大型	中型	小型	矿点
1	能源	煤炭			83	
2		石油				1
3		页岩气				1
4		泥炭			7	
5		石煤			1	
6	黑色金属	铁矿	2	13	24	23
7		锰矿		1	2	3
8		钒矿	1		4	2
9		铬矿			3	
10	有色金属	钼矿			2	1
11		铜矿			9	16
12		铅矿			5	14
13		锌矿		1	3	1
14		镁矿			1	
15		汞矿		1	3	5
16	贵金属	金矿			23	3
17	分散元素	锗矿				2
18	非金属	石墨	1	2	2	1
19		磷矿	25	18	7	8
20		碘矿			1	
21		硫铁矿			15	3
22		普通萤石			1	3
23		氟矿	2		1	
24		石膏	2	1	3	2
25		石棉				1
26		石榴石	1		4	1
27		方解石			16	
28		滑石				1
29		透辉石			1	
30		夕线石			1	
31		重晶石			17	2
32		高岭土		1	44	1
33		熔剂用灰岩	3	3		
34		电石用灰岩			4	
35		建筑石料用灰岩			73	1
36		建筑用大理岩			1	
37		建筑用花岗岩			11	
38		建筑用凝灰岩			1	
39		建筑用砂			3	
40		建筑用砂岩			3	2
41		玻璃用灰岩			1	
42		玻璃用砂岩	1	2	3	
43		玻璃用石英岩			15	
44		化肥用蛇纹岩		1	2	
45		化肥用石英岩			13	
46		化工用白云岩			1	
47		饰面用大理岩			7	
48		饰面用花岗岩		1	11	4
49		饰面用灰岩			3	
50		水泥配料用砂岩		2	6	
51		水泥配料用页岩			8	
52		水泥配料用黏土	1	1	3	
53		水泥用灰岩	3	7	15	
54		陶瓷土			4	
55		陶瓷用砂岩			1	
56		陶粒页岩			7	
57		冶金用白云岩	2	2	1	1
58		冶金用砂岩	1	1	1	
59		冶金用石英岩	1		3	1
60		制灰用灰岩			2	
61		砖瓦用页岩			14	6
62		砖瓦用黏土			5	2
63		耐火黏土		1		
64	宝玉石	工艺水晶				2
65		玛瑙				1
66	水气	地下热水			2	1
67		矿泉水			10	2

资料来源：《湖北省宜昌市矿产资源规划》（2019年）、《湖北省矿产资源潜力评价》（2019年）。

1∶830 000　0　8.3　16.6　24.9 km

2.2 震旦系页岩气资源分布图

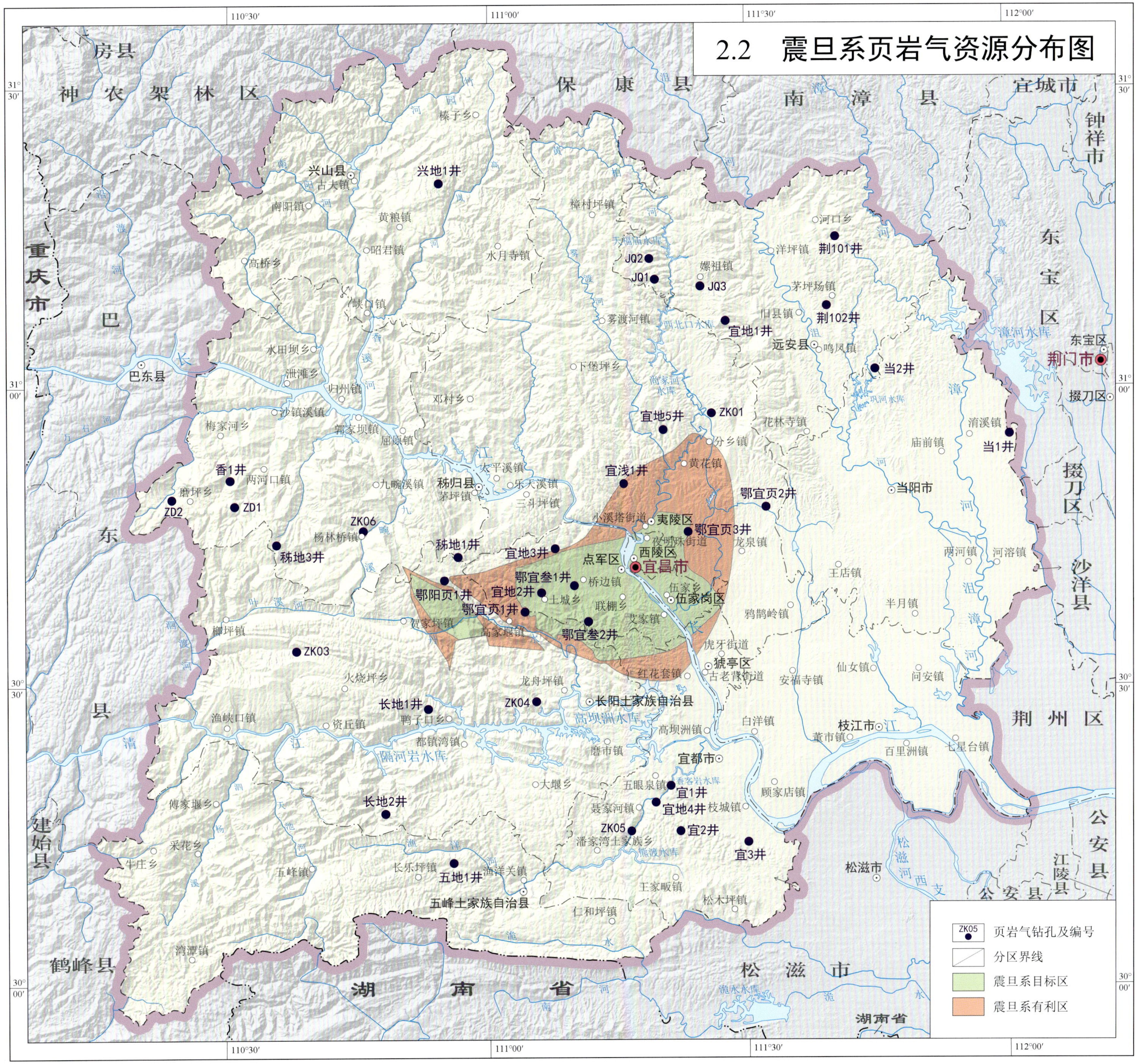

资料来源：中国地质调查局武汉地质调查中心。

1∶830 000　0　8.3　16.6　24.9 km

根据选区参数标准，震旦系陡山沱组页岩气有利区划分为夷陵–点军有利区和宜都–长阳有利区。其中，夷陵–点军有利区分布面积1 276.96 km^2，页岩气P_{50}总地质资源量4 688.64×10^8 m^3；宜都–长阳有利区分布面积148.29 km^2，页岩气P_{50}总地质资源量890.79×10^8 m^3。

震旦系陡山沱组页岩气目标区划分为土城目标区和贺家坪目标区。其中，土城目标区分布面积662.49 km^2，页岩气P_{50}总地质资源量2 727.83×10^8 m^3；贺家坪目标区分布面积78.52 km^2，页岩气P_{50}总地质资源量534.48×10^8 m^3。

土城目标区震旦系陡山沱组页岩气资源评价参数赋值表

参数		P_5	P_{25}	P_{50}	P_{75}	P_{95}
体积参数	面积 /km^2	456.88				
	有效厚度 /m	36.19	58.94	95.32	110.09	121.15
含气量参数	总含气量 / (m^3·t^{-1})	2.08	2.44	3.07	3.50	3.50
其他参数	TOC（总有机碳）/%	0.6 ～ 8.42				
	页岩密度 / (t·m^{-3})	2.65				
	可采系数 /%	20				
地质资源量 /10^{8}m^3		4 674.75	3 447.85	2 727.83	1 843.44	992.91
可采资源量 /10^{8}m^3		934.95	689.57	545.57	368.69	198.58
地质资源丰度 / (10^{8}m^3·km^{-2})		10.23	7.55	5.97	4.03	2.17

贺家坪目标区震旦系陡山沱组页岩气资源评价参数赋值表

参数		P_5	P_{25}	P_{50}	P_{75}	P_{95}
体积参数	面积 /km^2	88.54				
	有效厚度 /m	36.74	90.03	110.19	133.92	121.15
含气量参数	总含气量 / (m^3·t^{-1})	1.47	1.75	2.76	3.41	3.50
其他参数	TOC（总有机碳）/%	1.6 ～ 2.0				
	页岩密度 / (t·m^{-3})	2.70				
	可采系数 /%	20.00				
地质资源量 /10^{8}m^3		1 279.72	842.49	534.48	361.61	150.24
可采资源量 /10^{8}m^3		255.94	168.50	106.90	72.32	30.05
地质资源丰度 / (10^{8}m^3·km^{-2})		14.45	9.52	6.04	4.08	1.70

2.3 寒武系页岩气资源分布图

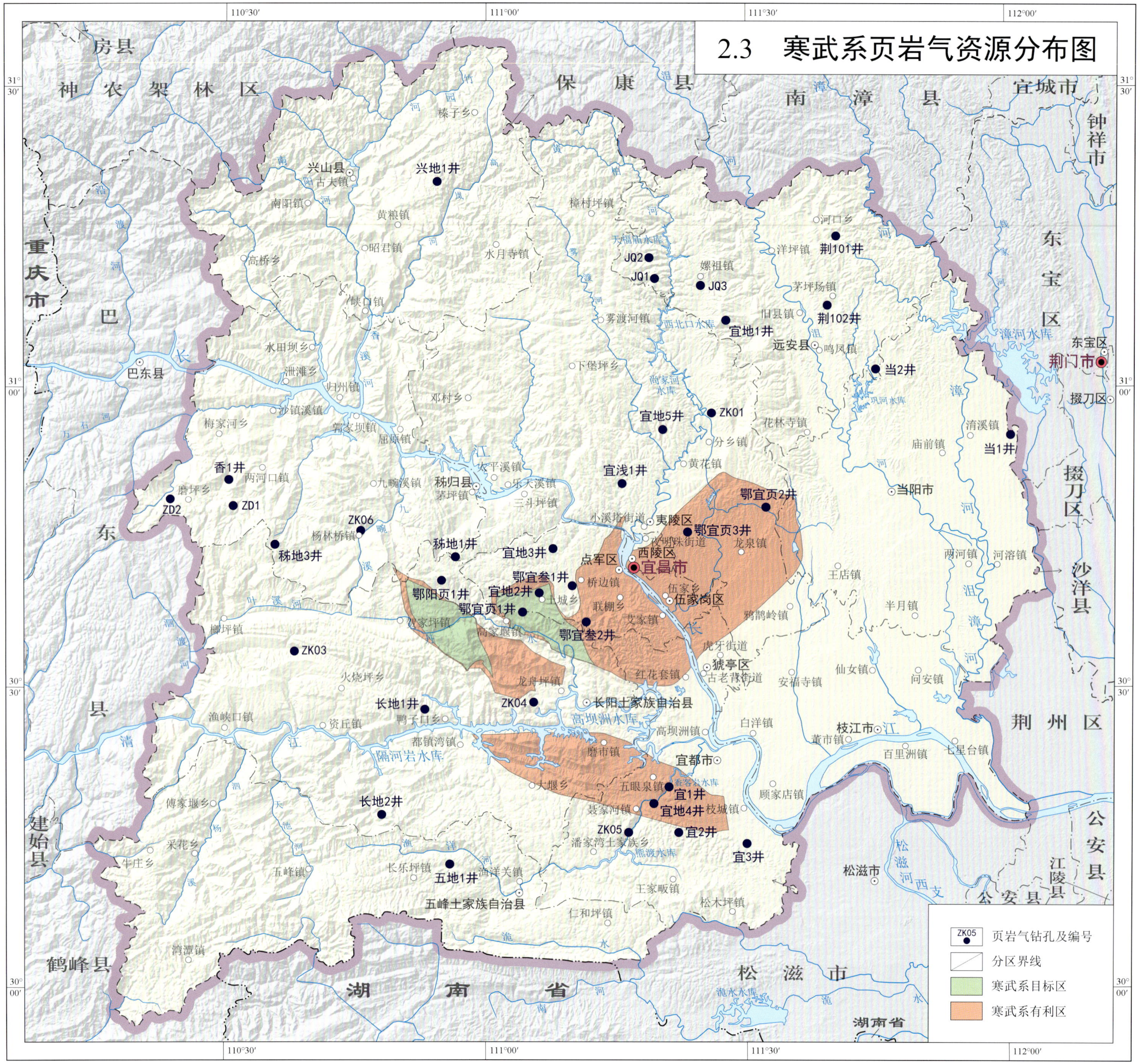

寒武系牛蹄塘组页岩气有利区划分为夷陵–点军有利区和宜都–长阳有利区。其中，夷陵–点军有利区分布面积1 279.31 km²，页岩气P_{50}总地质资源量1 384.07×10^8 m³；宜都–长阳有利区分布面积750.24 km²，页岩气P_{50}总地质资源量3 840.97×10^8 m³。

寒武系牛蹄塘组页岩气目标区划分为土城目标区和贺家坪目标区。其中，土城目标区分布面积113.73 km²，页岩气P_{50}总地质资源量926.49×10^8 m³；贺家坪目标区分布面积120.17 km²，页岩气P_{50}总地质资源量580.94×10^8 m³。

土城目标区寒武系牛蹄塘组页岩气资源评价参数赋值表

参数		P_5	P_{25}	P_{50}	P_{75}	P_{95}
体积参数	面积 /km²	149.46				
	有效厚度 /m	14.85	18.77	60.70	109.80	111.31
含气量参数	总含气量 /（$m^3 \cdot t^{-1}$）	2.26	2.52	3.65	3.65	3.65
其他参数	TOC（总有机碳）/%	0.98 ～ 7.4				
	页岩密度 /（$t \cdot m^{-3}$）	2.55				
	可采系数 /%	20.00				
地质资源量 /$10^8 m^3$		2 104.79	1 442.03	926.49	332.29	195.26
可采资源量 /$10^8 m^3$		420.96	288.41	185.30	66.46	39.05
地质资源丰度 /（$10^8 m^3 \cdot km^{-2}$）		14.08	9.65	6.20	2.22	1.31

贺家坪目标区寒武系牛蹄塘组页岩气资源评价参数赋值表

参数		P_5	P_{25}	P_{50}	P_{75}	P_{95}
体积参数	面积 /km²	88.81				
	有效厚度 /m	71.65	97.41	116.06	148.00	161.44
含气量参数	总含气量 /（$m^3 \cdot t^{-1}$）	0.88	1.27	2.57	3.00	4.48
其他参数	TOC（总有机碳）/%	2.2 ～ 4.5				
	页岩密度 /（$t \cdot m^{-3}$）	2.60				
	可采系数 /%	20.00				
地质资源量 /$10^8 m^3$		1 061.88	803.93	580.94	325.63	198.03
可采资源量 /$10^8 m^3$		212.38	160.79	116.19	65.13	39.61
地质资源丰度 /（$10^8 m^3 \cdot km^{-2}$）		11.96	9.05	6.54	3.67	2.23

资料来源：中国地质调查局武汉地质调查中心。

1∶830 000　0　8.3　16.6　24.9 km

2.4 奥陶—志留系页岩气资源分布图

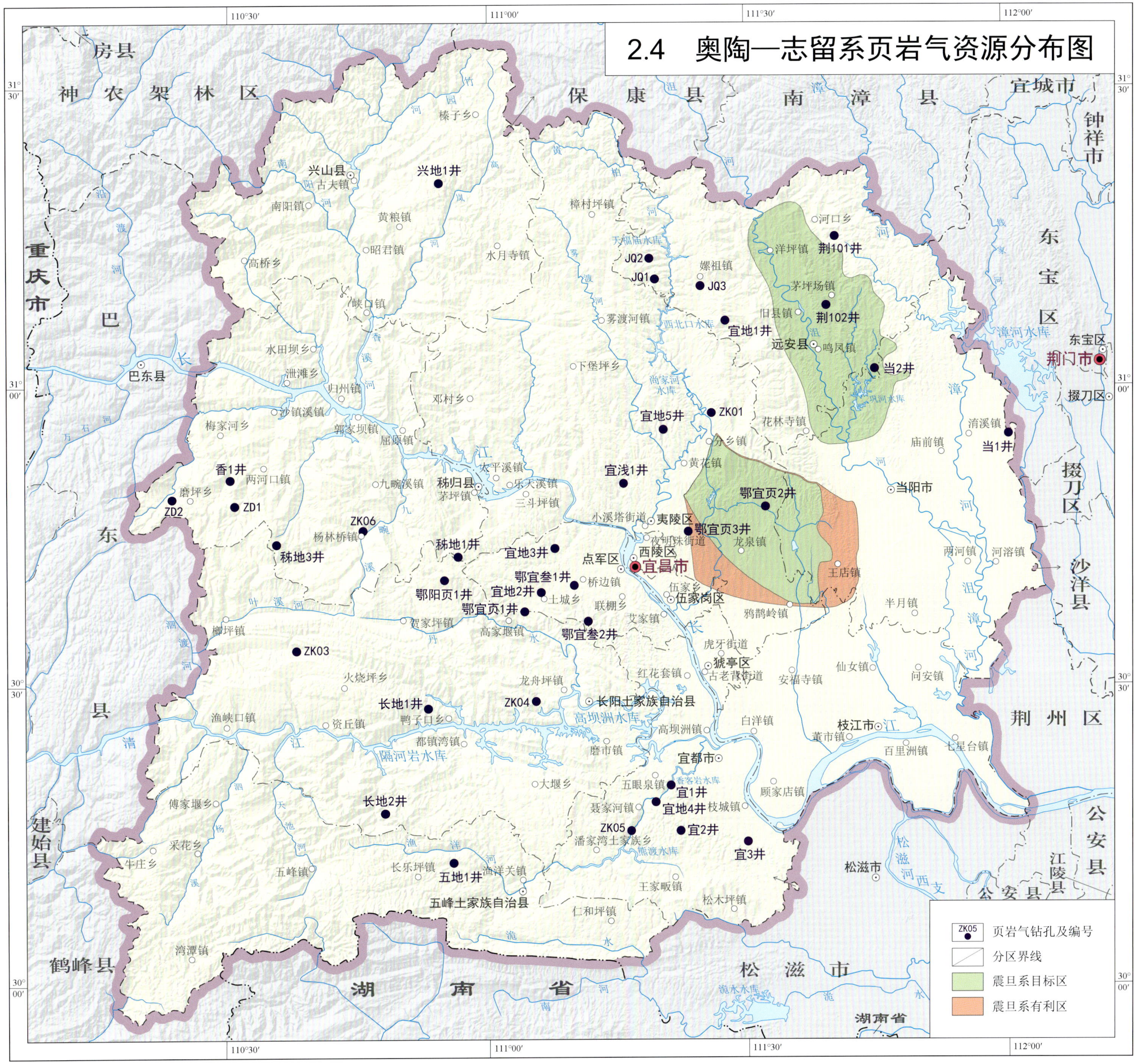

资料来源：中国地质调查局武汉地质调查中心。

1∶830 000　0　8.3　16.6　24.9 km

奥陶—志留系五峰—龙马溪组页岩气有利区划分为分乡-龙泉有利区和南漳-远安有利区。其中，分乡-龙泉有利区分布面积455.3 km²，页岩气P_{50}总地质资源量955.09×10^8 m³；南漳-远安有利区分布面积922.21 km²，页岩气P_{50}总地质资源量3 448.05×10^8 m³。

奥陶—志留系五峰—龙马溪组页岩气目标区划分为龙泉目标区和河口-茅坪场目标区。其中，龙泉目标区分布面积340.83 km²，页岩气P_{50}总地质资源量700.03×10^8 m³；河口-茅坪场目标区分布面积761.13 km²，页岩气P_{50}总地质资源量2 814.38×10^8 m³。

龙泉目标区奥陶—志留系页岩气资源评价参数赋值表

参数		P_5	P_{25}	P_{50}	P_{75}	P_{95}
体积参数	面积 /km²	340.83				
	有效厚度 /m	19.78	21.32	26.96	33.69	40.61
含气量参数	总含气量 /（m³·t⁻¹）	1.79	2.11	3.38	4.94	6.66
其他参数	TOC（总有机碳）/%	1.07 ～ 4.3				
	页岩密度 /（t·m⁻³）	2.56				
	可采系数 /%	20.00				
地质资源量 /10^8m³		1 694.37	1 050.27	700.03	490.20	326.76
可采资源量 /10^8m³		338.87	210.05	140.01	98.04	65.35
地质资源丰度 /（10^8m³·km⁻²）		4.97	3.08	2.05	1.44	0.96

河口-茅坪场目标区奥陶—志留系页岩气资源评价参数赋值表

参数		P_5	P_{25}	P_{50}	P_{75}	P_{95}
体积参数	面积 /km²	761.13				
	有效厚度 /m	34.20	45.77	49.96	57.31	40.61
含气量参数	总含气量 /（m³·t⁻¹）	1.79	2.11	3.38	4.94	6.66
其他参数	TOC（总有机碳）/%	2.0 ～ 3.0				
	页岩密度 /（t·m⁻³）	2.56				
	可采系数 /%	20.00				
地质资源量 /10^8m³		6 270.69	4 194.38	2 814.38	1 994.88	1 357.68
可采资源量 /10^8m³		1 254.14	838.88	562.88	398.98	271.54
地质资源丰度 /（10^8m³·km⁻²）		8.24	5.51	3.70	2.62	1.78

2.5 矿产资源开发利用现状图

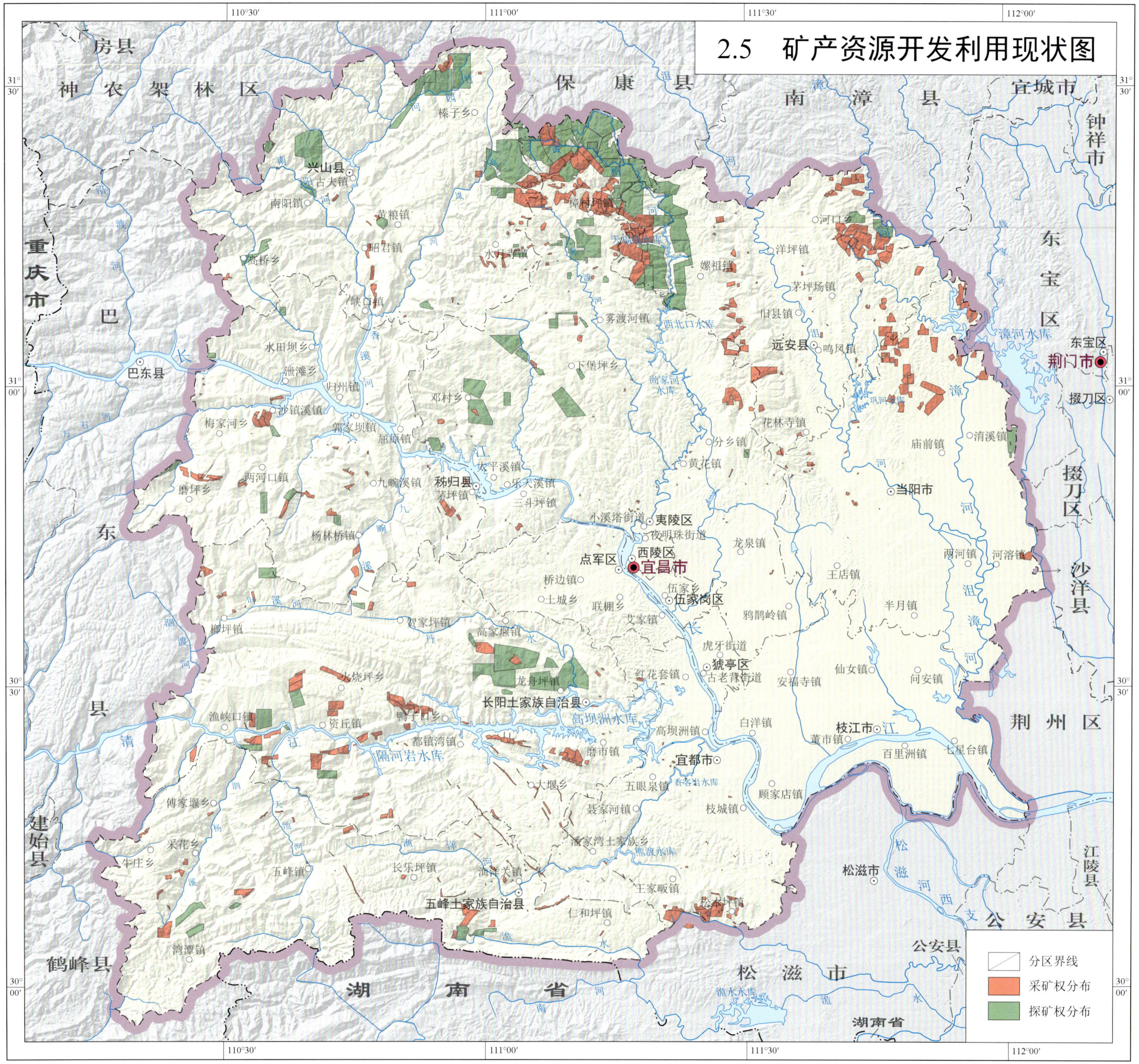

宜昌市矿产资源丰富，非金属矿具有得天独厚的发展优势，磷矿、石墨矿、玻璃硅质原料等名列全省第一位，其中2018年磷矿保有资源储量达到40×10^8t，占全省磷矿总储量的54%。宜昌市现有采矿权569处，探矿权98处，其中磷矿山56个，非金属矿山367个。宜昌市矿产资源开发以小型矿山为主，采矿权和探矿权较多分布在兴山县、远安县和夷陵区交界地带，兴山县、远安县和夷陵区也是磷矿成矿的优势区。

宜昌市矿山分布一览表

单位：个

序号	矿产类型	开发矿种	矿山规模 大型	中型	小型
1	能源	煤炭			140
2		泥炭			5
3	黑色金属	铁矿		1	4
4		锰矿		1	
5		钒矿			1
6	有色金属	铜矿			3
7		锌矿			1
8		钼矿			1
9	贵金属	金矿			8
10	非金属	硫铁矿			1
11		重晶石		6	23
12		方解石			41
13		磷矿	5	16	35
14		高岭土		1	30
15		陶瓷用砂岩			3
16		石榴石			5
17		化肥用蛇纹岩			3
18		化肥用石英岩	2	1	6
19		化肥用橄榄岩			2
20		冶金用石英岩			4
21		玻璃用砂岩		1	2
22		玻璃用石英岩			12
23	非金属	饰面用花岗岩			15
24		饰面用大理岩			2
25		饰面用灰岩			8
26		建筑用花岗岩			11
27		建筑用闪长岩			1
28		建筑用砂岩			2
29		建筑用白云岩		1	1
30		建筑用辉绿岩			1
31		建筑石料用灰岩	2		85
32		陶粒页岩			3
33		陶瓷土			3
34		电石用灰岩		2	3
35		制灰用石灰岩			1
36		水泥用灰岩	6	1	4
37		水泥配料用砂岩		1	18
38		水泥配料用页岩		1	7
39		水泥配料用红土			1
40		砖瓦用页岩		1	18
41		砖瓦用砂岩			1
42		石膏		1	1
43		石墨			2
44	水汽	矿泉水			1

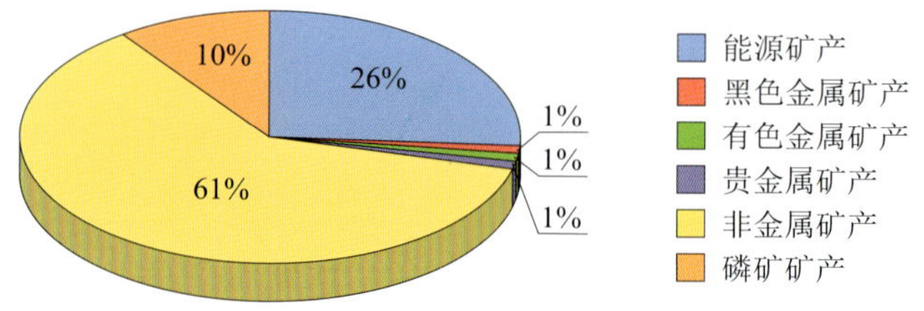

各矿产类型矿山数量占比图

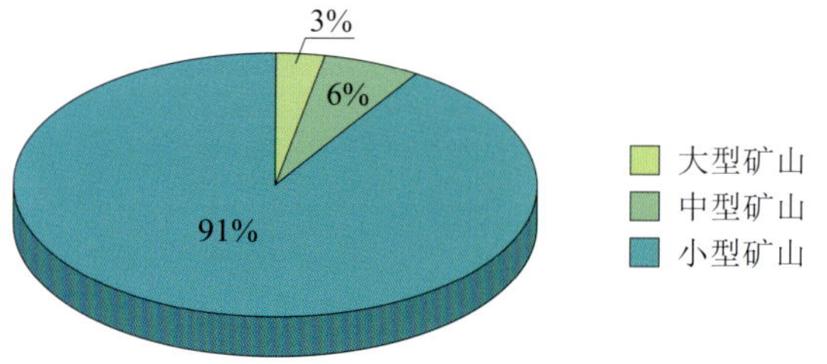

矿山开发规模占比图

资料来源：《湖北省宜昌市矿产资源规划》（2019年）、《湖北省矿产资源潜力评价》（2019年）。

1∶830 000 0 8.3 16.6 24.9 km

2.6 矿山地质环境分区图

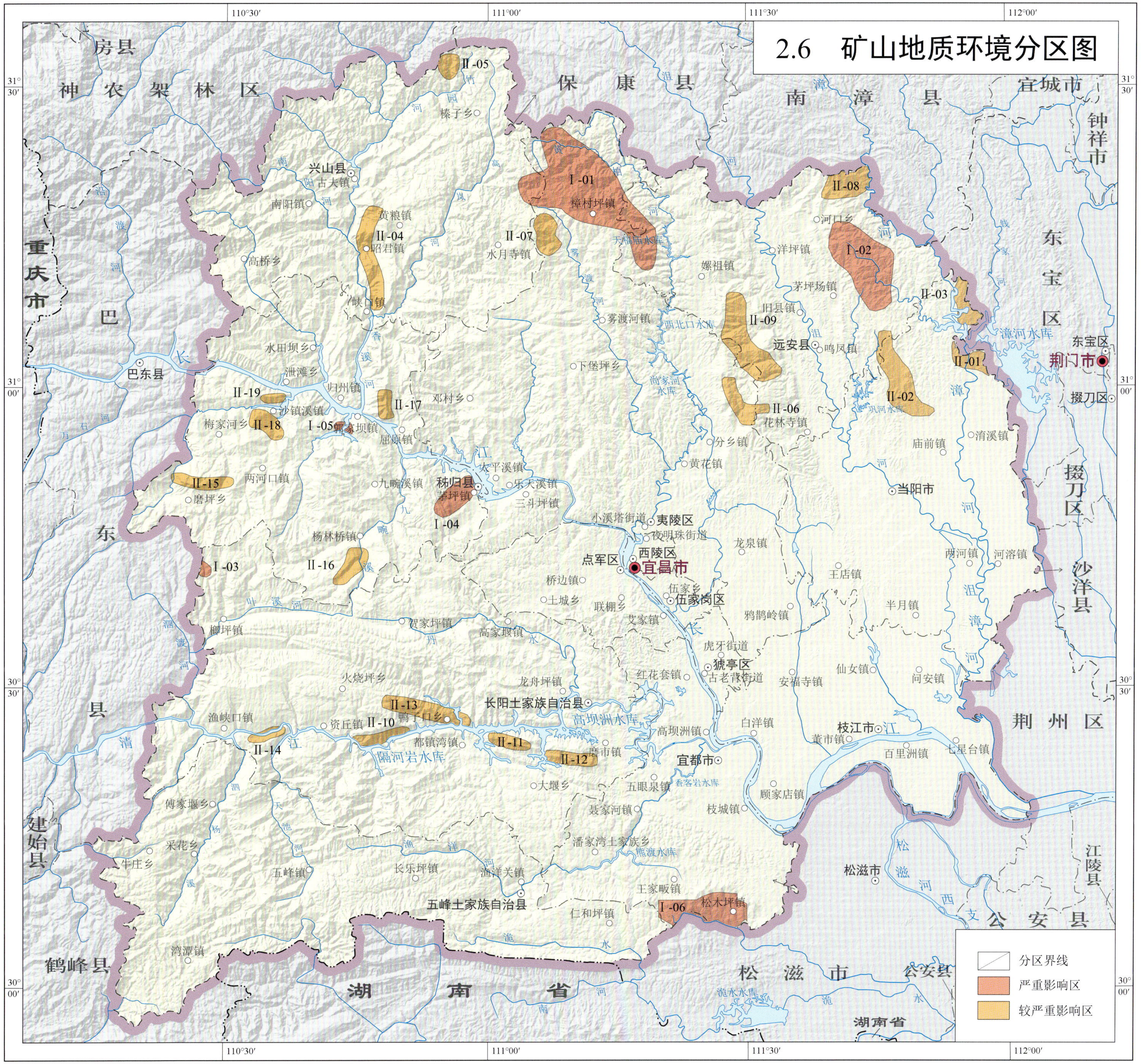

资料来源：《湖北省宜昌市矿产资源规划》（2019年）、《湖北省矿山地质环境调查报告》（2012—2013年）。

1∶830 000　　0　8.3　16.6　24.9 km

宜昌市已查明矿产资源储量48种，其中已开发利用44种，主要开采煤炭、磷矿、方解石、重晶石、高岭土、建筑石料用灰岩、水泥用石灰等。据2012—2013年湖北省矿山地质环境调查成果，矿山地质环境影响区划分为严重区6处，面积602.73 km²；较严重区19处，面积654.58 km²。矿山主要地质环境问题有滑坡、崩塌、泥石流、水均衡破坏、占用与破坏土地、水土污染等。

矿山地质环境影响分区

编号	矿山地质环境影响分区名称	面积/km²	主要地质环境问题
Ⅰ-01	树空坪、樟村坪、九女、盐池河磷矿矿区地质环境影响严重区	272.73	崩塌、滑坡、泥石流、地面塌陷、地裂缝、水均衡破坏占用与破坏土地
Ⅰ-02	远安县茅坪场镇煤矿矿区地质环境影响严重区	121.36	滑坡、泥石流、地面塌陷、水均衡破坏
Ⅰ-03	长阳县赵姑垭、巴东野三关煤矿矿区地质环境影响严重区	18.36	崩塌、地面塌陷、水均衡破坏
Ⅰ-04	秭归县茅坪金矿矿区地质环境影响严重区	33.27	占用与破坏土地、土壤污染
Ⅰ-05	秭归县鹏程实业有限公司石灰石矿区地质环境影响严重区	7.15	滑坡、水土流失
Ⅰ-06	松宜煤矿矿区地质环境影响严重区	149.88	崩塌、滑坡、地面塌陷、地裂缝、水均衡破坏、地表水污染
Ⅱ-01	当阳市黄土岗煤矿矿区地质环境影响较严重区	31.44	滑坡、泥石流、地面塌陷、水均衡破坏
Ⅱ-02	当阳市潭河、姜家湾煤矿矿区地质环境影响较严重区	68.38	滑坡、泥石流、地面塌陷、水均衡破坏
Ⅱ-03	荆门市东宝区马河镇煤矿矿区地质环境影响较严重区	78.52	滑坡、泥石流、地面塌陷、水均衡破坏
Ⅱ-04	兴山县古夫镇、高阳镇、峡口镇煤矿矿区地质环境影响较严重区	52.84	滑坡、泥石流、水均衡破坏
Ⅱ-05	兴山县兴盛矿产有限公司磷矿矿区地质环境影响较严重区	14.83	崩塌、水均衡破坏
Ⅱ-06	宜昌市分乡大石沟、百里荒煤矿矿区地质环境影响较严重区	31.47	滑坡、泥石流、地面塌陷、水均衡破坏、地表水污染
Ⅱ-07	宜昌市金昌石墨矿矿区地质环境影响较严重区	28.02	泥石流、水土流失、占用与破坏土地、地表水污染
Ⅱ-08	远安县河口乡煤矿矿区地质环境影响较严重区	59.91	滑坡、泥石流、地面塌陷、水均衡破坏
Ⅱ-09	远安县旧县镇煤矿矿区地质环境影响较严重区	79.74	滑坡、泥石流、地面塌陷、水均衡破坏
Ⅱ-10	长阳县巴山、梯子湾煤矿矿区地质环境影响较严重区	20.13	滑坡、泥石流、地面塌陷、水均衡破坏、地表水污染
Ⅱ-11	长阳县陈家窝煤矿矿区地质环境影响较严重区	16.75	滑坡、泥石流、地面塌陷、水均衡破坏、地表水污染
Ⅱ-12	长阳县大堰乡竹林湾放牛坪煤矿矿区地质环境影响较严重区	22.00	滑坡、泥石流、地面塌陷、水均衡破坏、地表水污染
Ⅱ-13	长阳县鸭子口乡松木坪煤矿矿区地质环境影响较严重区	46.93	滑坡、泥石流、地面塌陷、水均衡破坏、地表水污染
Ⅱ-14	长阳县资丘镇锁凤湾煤矿矿区地质环境影响较严重区	12.01	滑坡、泥石流、地面塌陷、水均衡破坏、地表水污染
Ⅱ-15	秭归县大块田、天井坪煤矿矿区地质环境影响较严重区	24.11	滑坡、泥石流、地面塌陷、水均衡破坏
Ⅱ-16	秭归县金竹园、板桥煤矿矿区地质环境影响较严重区	24.88	滑坡、泥石流、地面塌陷、水均衡破坏
Ⅱ-17	秭归县漆树坪、白蜡树煤矿矿区地质环境影响较严重区	13.31	滑坡、泥石流、地面塌陷、水均衡破坏
Ⅱ-18	秭归县天星眼、胡家岭、四方山煤矿矿区地质环境影响较严重区	22.32	滑坡、泥石流、地面塌陷、水均衡破坏
Ⅱ-19	秭归县铁炭湾、三叉沟煤矿矿区地质环境影响较严重区	6.99	滑坡、泥石流、地面塌陷、水均衡破坏

2.7 磷矿采选加分布图

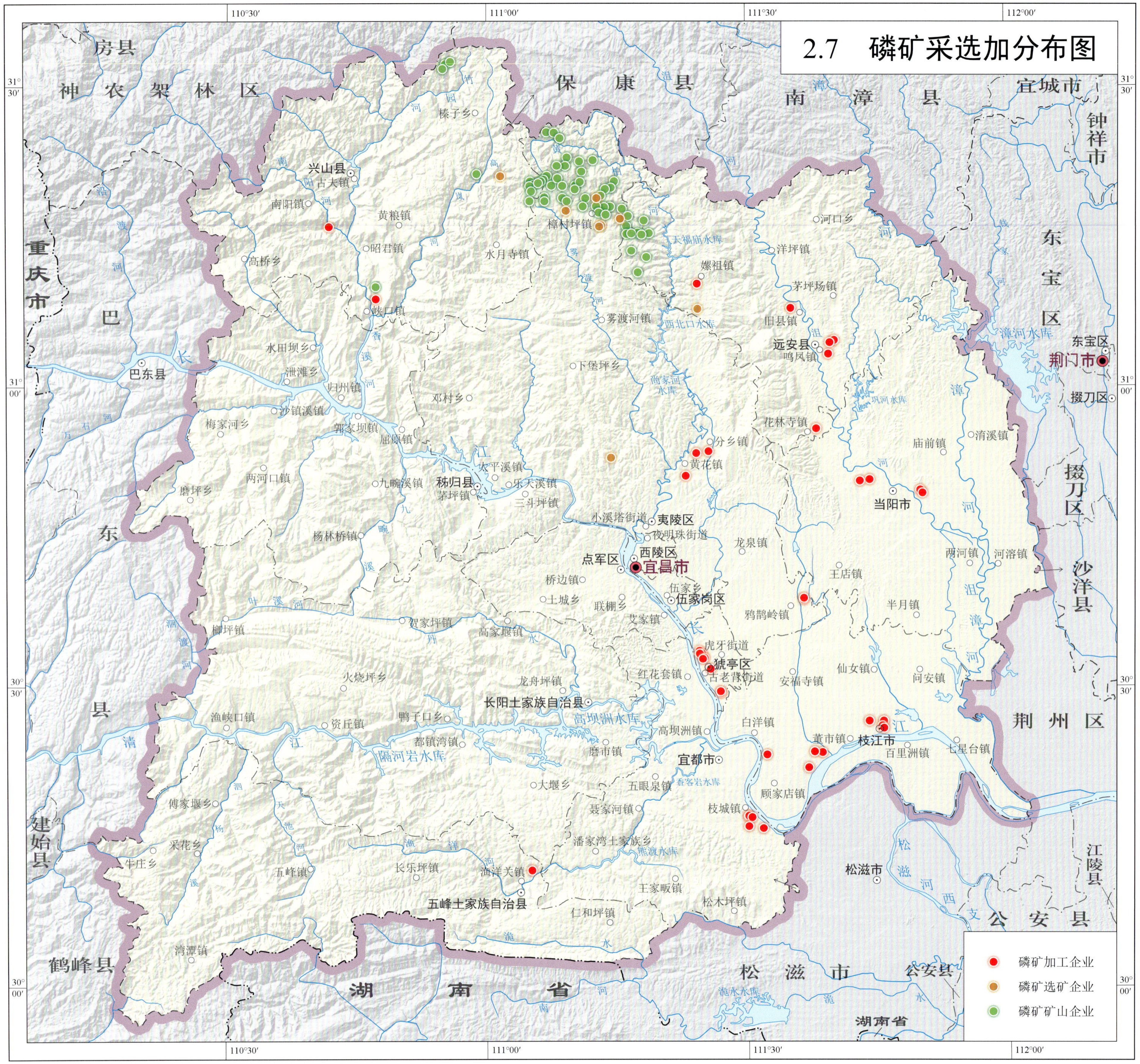

宜昌磷矿自下震旦统陡山沱组—寒武系共有6个含磷层位：由上而下赋存于寒武系牛蹄塘组底部（Ph_6）、上震旦统灯影组石板滩段的底部（Ph_5）、陡山沱组白果园段顶部（Ph_4）、王丰岗段底部（Ph_3）、胡集段底部（Ph_2）和樟树坪段中亚段（Ph_1）。Ph_3～Ph_6因厚度小、品位低、变化大而不具工业利用价值，仅Ph_1和Ph_2构成区内的工业磷矿层。

截至2015年底，宜昌有磷矿山企业55家，其中采矿规模为大型5家、中型16家、小型34家；磷矿选矿企业8家，其中大型3家、中型5家；磷矿加工企业39家，其中磷复肥生产厂23家、磷化工生产厂16家。

宜昌磷矿加工企业统计表

序号	企业名称	所属类别
1	当阳市星光磷化有限公司	磷复肥生产
2	湖北楚星化工股份有限公司	磷化工生产
3	湖北大江化工集团有限公司	磷复肥生产
4	湖北吉星化工集团有限公司	磷化工生产
5	湖北开元化工科技股份有限公司	磷化工生产
6	湖北柳树沟化工科技有限公司	磷化工生产
7	湖北六国化工股份有限公司	磷复肥生产
8	湖北三宁化工股份有限公司	磷复肥生产
9	湖北泰盛化工有限公司	磷化工生产
10	湖北香青化肥有限公司	磷复肥生产
11	湖北兴发化工集团股份有限公司（白沙河化工厂）	磷复肥生产
12	湖北兴发化工集团股份有限公司（刘草坡化工厂）	磷复肥生产
13	湖北兴瑞化工有限公司	磷化工生产
14	湖北宜化肥业有限公司	磷复肥生产
15	湖北宜化化工股份有限公司	磷化工生产
16	湖北宜化化工股份有限公司宜都分公司	磷化工生产
17	湖北中孚化工集团有限公司	磷化工生产
18	湖北中宁化工有限公司	磷复肥生产
19	华强化工集团股份有限公司	磷复肥生产
20	史丹利化肥有限公司	磷复肥生产
21	宜昌楚磷化工有限公司	磷化工生产
22	宜昌东圣磷复肥有限责任公司	磷复肥生产
23	宜昌鄂中化工有限公司	磷复肥生产
24	宜昌富升化工有限公司	磷复肥生产
25	宜昌合一磷化有限公司	磷化工生产
26	宜昌惠明磷化有限公司	磷复肥生产
27	宜昌凯翔化工有限公司	磷化工生产
28	宜昌绿宝肥业有限公司	磷复肥生产
29	宜昌欧赛科技有限公司	磷酸电池
30	宜昌山泉化工有限责任公司	磷化工生产
31	宜昌市楚宜肥业有限公司（俊光）	磷复肥生产
32	宜昌市九畴化工有限公司	磷复肥生产
33	宜昌西部化工有限公司	磷复肥生产
34	宜昌新洋丰肥业有限公司	磷复肥生产
35	宜昌亚泰化工有限公司	磷化工生产
36	宜都兴发化工有限公司	磷复肥生产
37	远安三友磷化有限公司	磷化工生产
38	中国石化集团资产经营管理有限公司宜昌分公司	磷复肥生产
39	中国石油化工股份有限公司湖北化肥厂	磷复肥生产

宜昌磷矿选矿企业统计表

序号	企业名称	生产规模/（$10^4 t\cdot a^{-1}$）
1	宜化花果树选矿厂	90
2	鑫宁选矿厂	30
3	柳树沟矿业宝石山选矿厂	60
4	丁东选矿厂	30
5	三宁挑水河选矿厂	200
6	兴发集团卢沟磷矿选矿厂	120
7	远安县明宇矿业有限公司	60
8	兴山县树空坪选矿厂	120

宜昌磷矿山企业统计表

序号	企业名称	设计生产能力/（$10^4 t\cdot a^{-1}$）	产量（$10^4 t\cdot a$
1	湖北兴发化工集团股份有限公司兴河磷矿	15	5.37
2	湖北兴发化工集团股份有限公司兴隆磷矿	40	37.12
3	湖北兴发化工集团股份有限公司兴昌磷矿	30	27.97
4	湖北三宁矿业有限公司挑水河磷矿东部矿段	100	76.15
5	宜昌诚信工贸有限责任公司孙家墩磷矿	80	2.23
6	湖北宜化江家墩矿业有限公司江家墩矿区西矿段	30	30.00
7	宜昌市明鑫工贸有限公司肖家河磷矿	90	28.00
8	宜昌明珠磷化工业有限公司董家包磷矿	30	30.00
9	宜昌宝石山矿业有限公司董家河磷矿	80	24.72
10	宜昌金发矿业有限责任公司华青磷矿	10	8.30
11	宜昌市西岔河磷矿有限公司西岔河磷矿	20	10.70
12	湖北兴发化工集团股份有限公司胜凤磷矿	15	8.39
13	宜昌三峡矿业有限公司后湾磷矿	28	0
14	宜昌灰石垭磷矿	25	10.39
15	宜昌明珠磷化工业有限公司文家坪磷矿	15	0
16	宜昌枫叶化工有限公司树崆坪磷矿	80	79.50
17	湖北兴发化工集团股份有限公司马家湾磷矿	15	8.65
18	湖北兴发化工集团股份有限公司蒋家湾磷矿	20	13.33
19	宜昌龙洞湾矿业有限公司龙洞湾磷矿	50	20.00
20	宜昌华西矿业有限责任公司华兴磷矿	30	32.61
21	宜昌市明达矿业有限公司孙家山磷矿	8	0
22	兴山县源泉矿业有限责任公司炉子坪磷矿		
23	宜昌华成矿业有限责任公司良田磷矿	10	0
24	宜昌兴育工贸有限责任公司苗家湾磷矿	12	0
25	湖北兴发化工集团股份有限公司申家山磷矿	25	21.14
26	湖北宜化肥业有限公司苗家湾磷矿	12	0
27	宜昌汇鑫磷化工贸有限责任公司胡家坡磷矿	10	5.45
28	湖北兴发化工集团股份有限公司葛坪磷矿	20	17.16
29	宜昌枫叶化工有限公司店子坪磷矿	80	6.60
30	宜昌祥云兴达磷化有限责任公司云霄垭磷矿	20	2.49
31	宜昌宜化殷家坪矿业有限公司殷家坪磷矿	100	44.21
32	宜昌鸿泰磷化有限公司南沟磷矿	50	26.35
33	湖北三峡坤艳工贸集团有限公司黄家河磷矿	10	8.83
34	宜昌市明达矿业有限公司樟村坪矿区 III 块段（北段）	20	1.63
35	宜昌水井坪矿有限责任公司水井坪磷矿	10	0
36	宜昌泰鑫矿业有限责任公司中间坪磷矿	12	9.00
37	远安县宏亮矿业有限责任公司白岩坡磷矿	10	13.86
38	湖北昌达化工有限责任公司宜昌樟村坪磷矿	38	0
39	宜昌汇鑫磷化工贸有限责任公司砦沟磷矿	50	23.39
40	湖北中孚化工集团有限公司丁东磷矿	50	40.51
41	湖北柳树沟矿业股份有限公司丁西磷矿	100	90.45
42	宜昌华西矿业有限责任公司黄石沟磷矿	10	1.63
43	宜昌市燎原磷矿公司星火磷矿	18	6.00
44	湖北东圣化工集团东达矿业有限公司晒旗河磷矿	80	46.30
45	远安县宜洲矿业有限责任公司郑家坪磷矿	20	22.62
46	宜昌东圣九女矿业有限公司九女磷矿	60	53.31
47	湖北中孚化工集团有限公司桃坪河磷矿	18	9.36
48	宜昌扬发工贸有限责任公司张家湾磷矿	10	0
49	湖北宜化集团矿业有限责任公司神农磷矿	20	7.49
50	湖北广原化工集团有限公司柳山沟磷矿	80	21.96
51	远安县燎原矿业有限责任公司苏家坡磷矿	80	55.48
52	远安县昌盛矿业有限公司砦门磷矿	15	28.32
53	远安县东扬矿业有限公司响水槽磷矿	50	90.26
54	湖北恒顺矿业有限责任公司恒顺磷矿	50	31.05
55	湖北杉树垭矿业有限公司杉树垭磷矿区东部矿段	3	0.90

资料来源：《湖北省宜昌市矿产资源规划》（2019年）、《湖北省矿产资源潜力评价》（2019年）。

1∶830 000　0　8.3　16.6　24.9 km

2.8 化工厂分布图

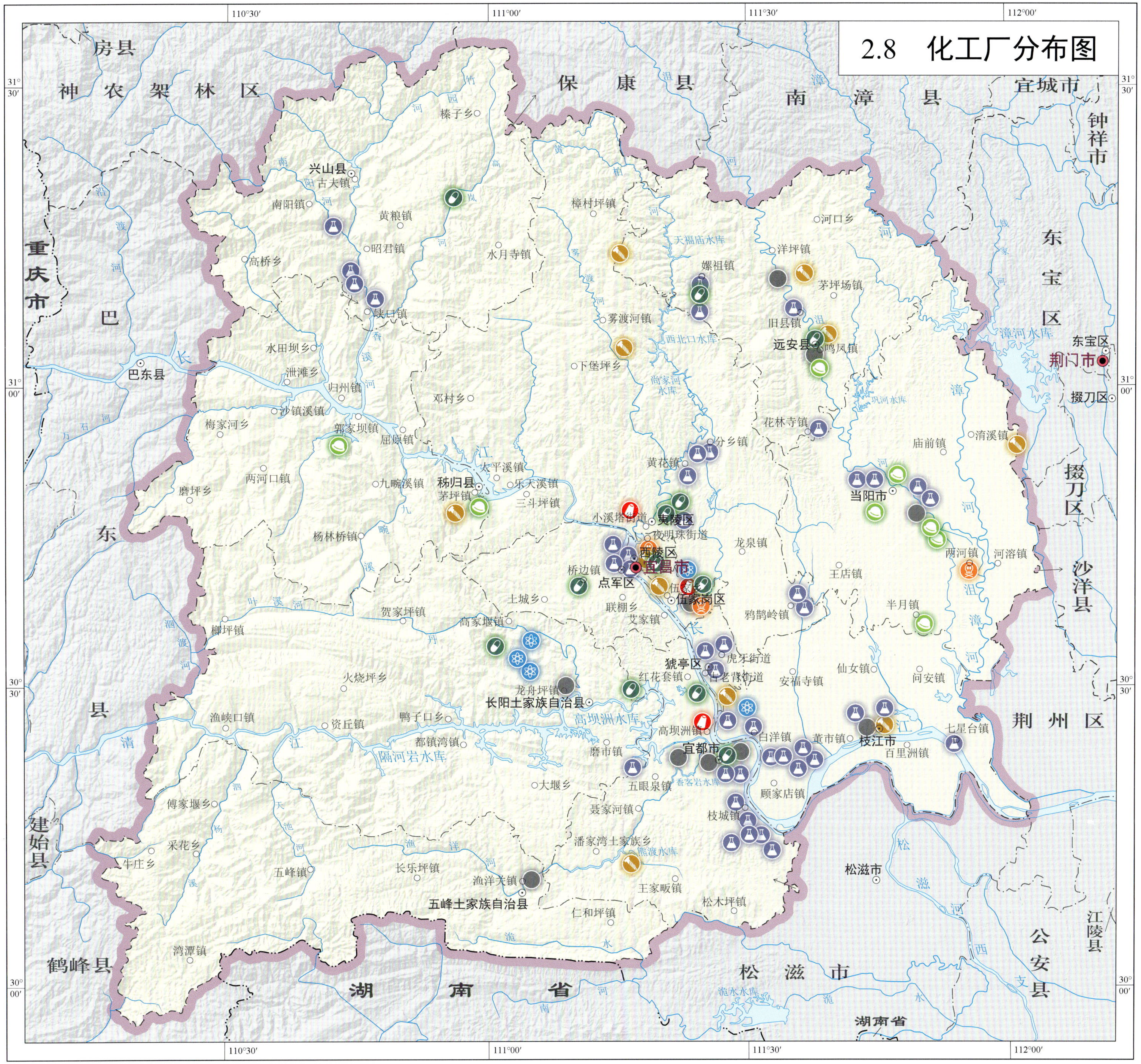

生物工程及新医药行业　建材、新材料行业　危废处理
化学工业　纺织工业　其他
电子信息基础材料及电设备制造业　冶金工业

资料来源：《湖北省宜昌市矿产资源规划》（2019年）。

1∶830 000　0　8.3　16.6　24.9 km

宜昌市化工企业基本形成了以下六大重点支柱产业：①电子信息基础材料及机电设备制造业，以生产中高压化成箔、电子铝箔、电子铜箔、高性能磁性材料等高耗电类基础产品为主；②化学工业，主要有磷精细化工、化肥工业、有机化工、橡胶制品等；③生物工程及新医药行业，主要生产高活性干酵母、氨基酸原料药及输液产品、酵母味素、生物营养保健食品、中成药制剂等；④建材、新材料行业，主要涉及新型建材、石墨、浮法玻璃、陶瓷行业；⑤冶金工业，主要以电解铝为重点的有色冶金工业；⑥纺织工业。

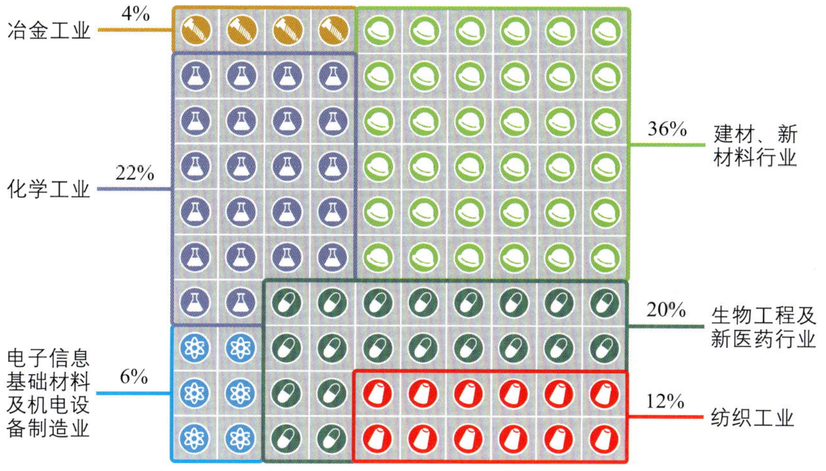

宜昌市化工产业结构

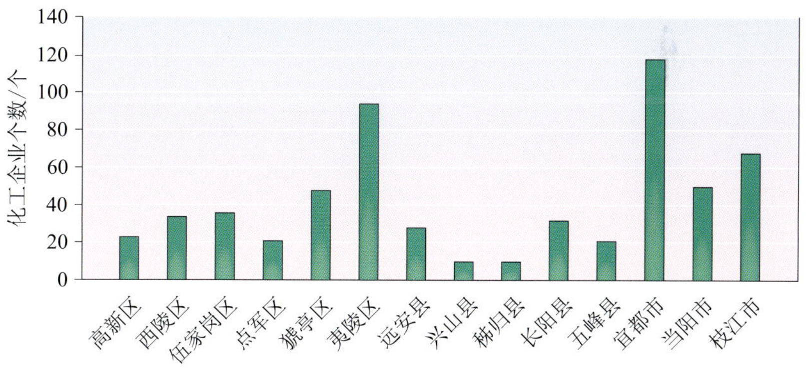

宜昌市各县（市、区）化工企业情况

3 水资源

3.1 水系流域图

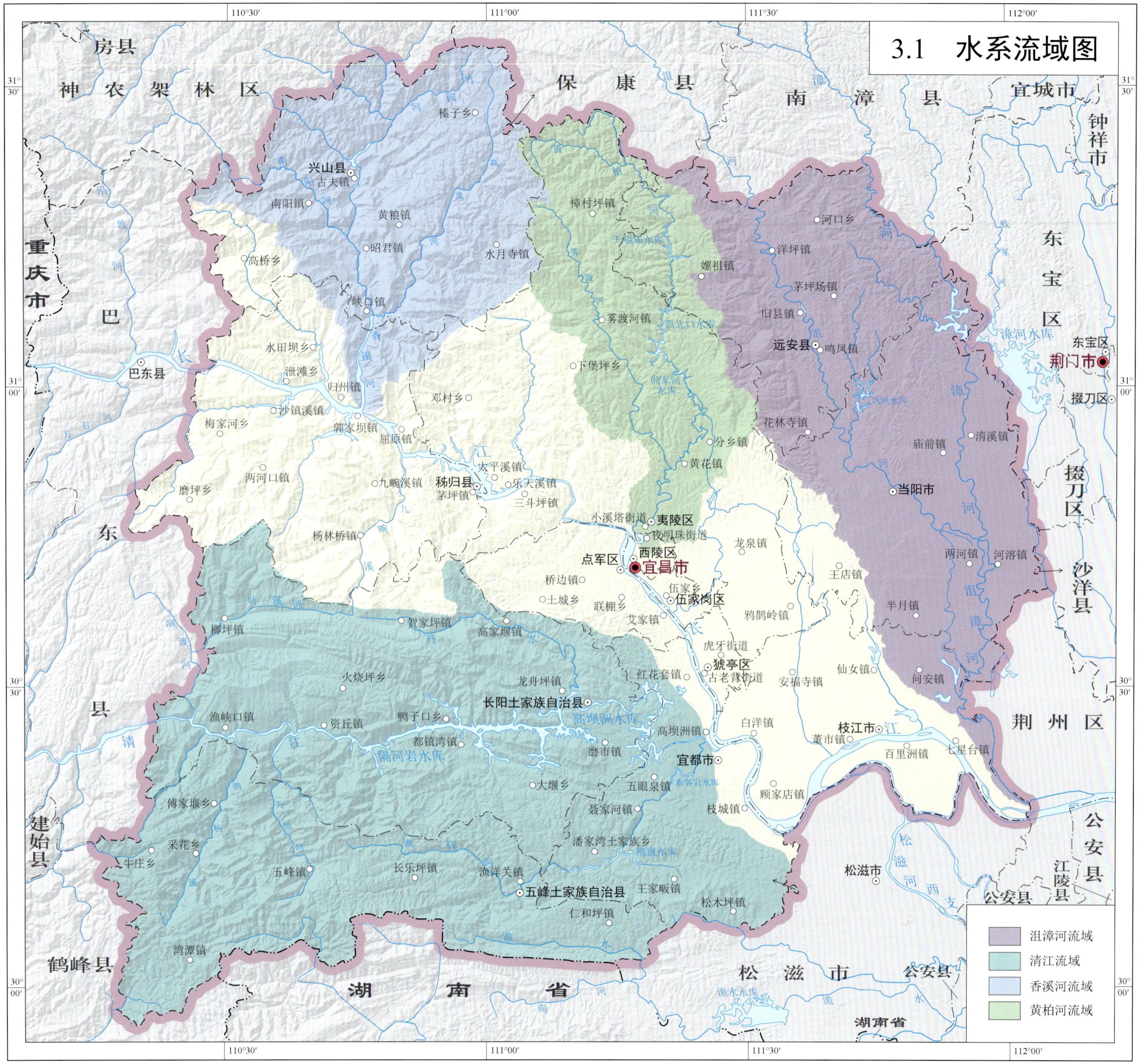

宜昌市河流均属于长江流域的上游干流水系、中游干流水系、清江水系、洞庭湖区的四口水系和澧水水系五大水系，以长江干流为主脉，河流多、密度大、水量丰富。市境内流域面积达30 km²以上的河流有183条，总长5070 km；流域面积50 km²以上的河流有128条，总长4320 km；流域面积200 km²以上的河流有28条，总长1974 km；流域面积1000 km²以上的河流有6条（长江、清江、沮漳河、香溪河、黄柏河、渔洋河），总长939 km；流域面积3000 km²以上的河流4条（长江、清江、沮漳河、香溪河），总长668 km。

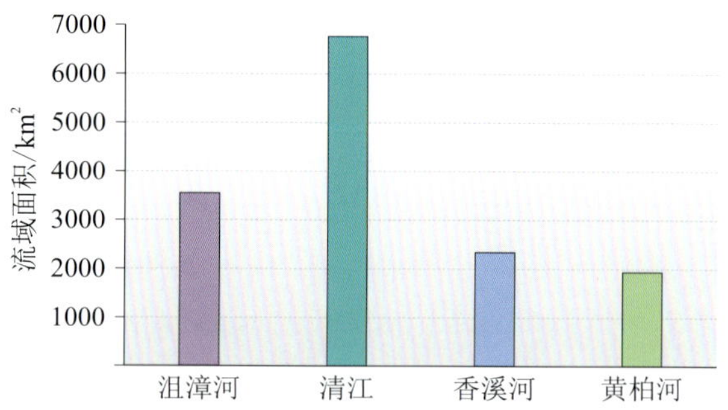

宜昌市水系流域面积图

资料来源：中国地质调查局遥感数据解译（2020年）。

1∶830 000　0　8.3　16.6　24.9 km

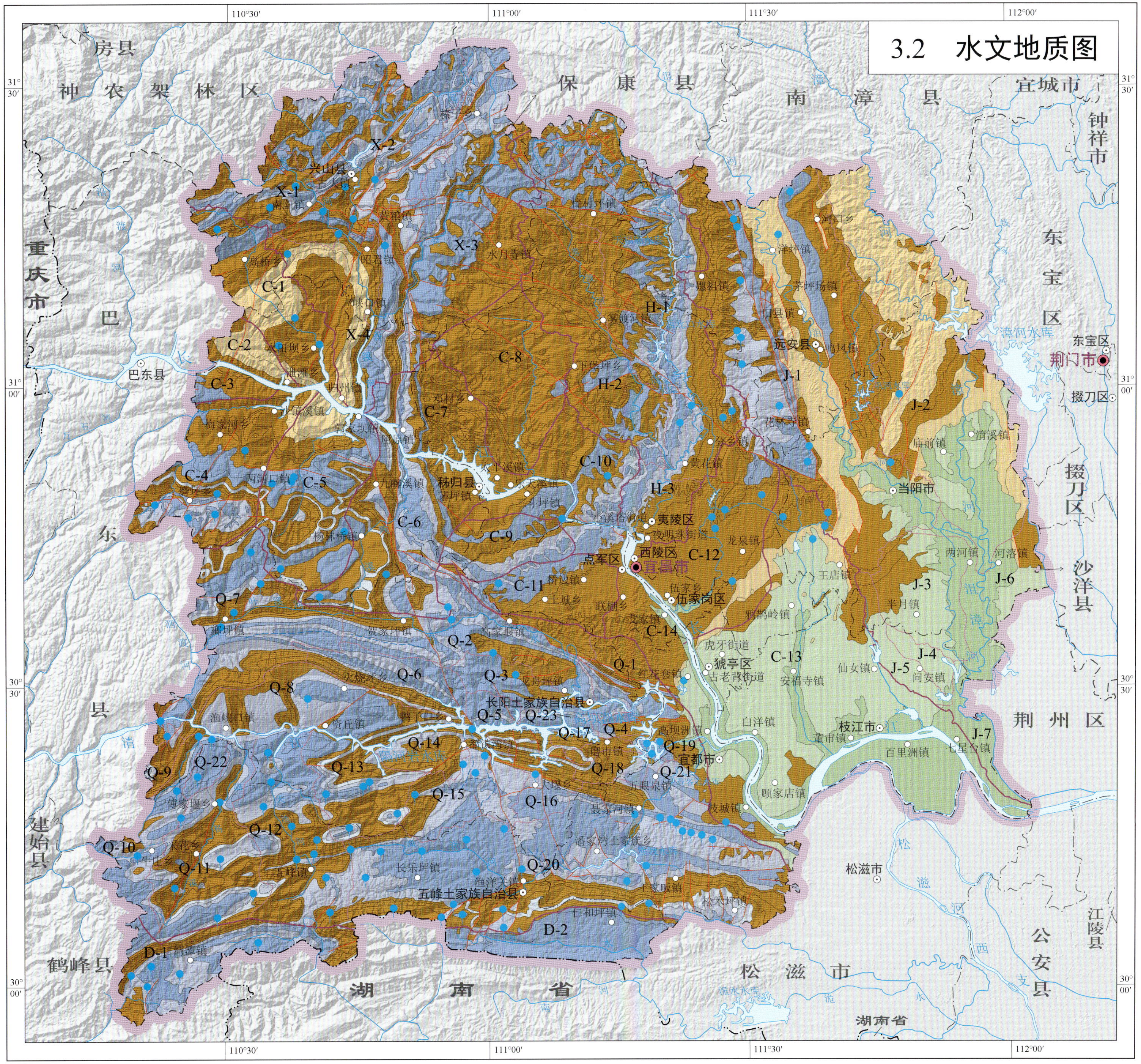

资料来源：宜昌市1：20万水文地质图、宜昌市资源环境承载能力调查评价项目资料整理。

1:830 000　0　8.3　16.6　24.9 km

宜昌市境内水文地质条件比较复杂，总体可分为五大流域，即清江流域、沮漳河流域、黄柏河流域、香溪河流域以及长江干流流域。

清江流域是宜昌市境内面积最大的子流域，岩溶发育较为强烈，是研究区内最主要的岩溶发育地区，有多条暗河且泉水较为发育。清江主干流流经宜都市境内，最终汇入长江。

宜昌市东部为沮漳河流域，可分为沮水和漳河两个子流域，其中流域上游地下水主要为裂隙含水层，少量岩溶含水层，下游则为冲洪积松散孔隙含水层。

黄柏河流域和香溪河流域主要分布在研究区西北部，中间包含黄陵岩体，可看作弱隔水地层，这部分地层中地下水含量相对于清江流域较少。

上述河流流域主要汇入长江，在宜都市东部形成大面积的冲洪积平原，最终经由长江流出宜昌市境内。

3.3 水资源分布图

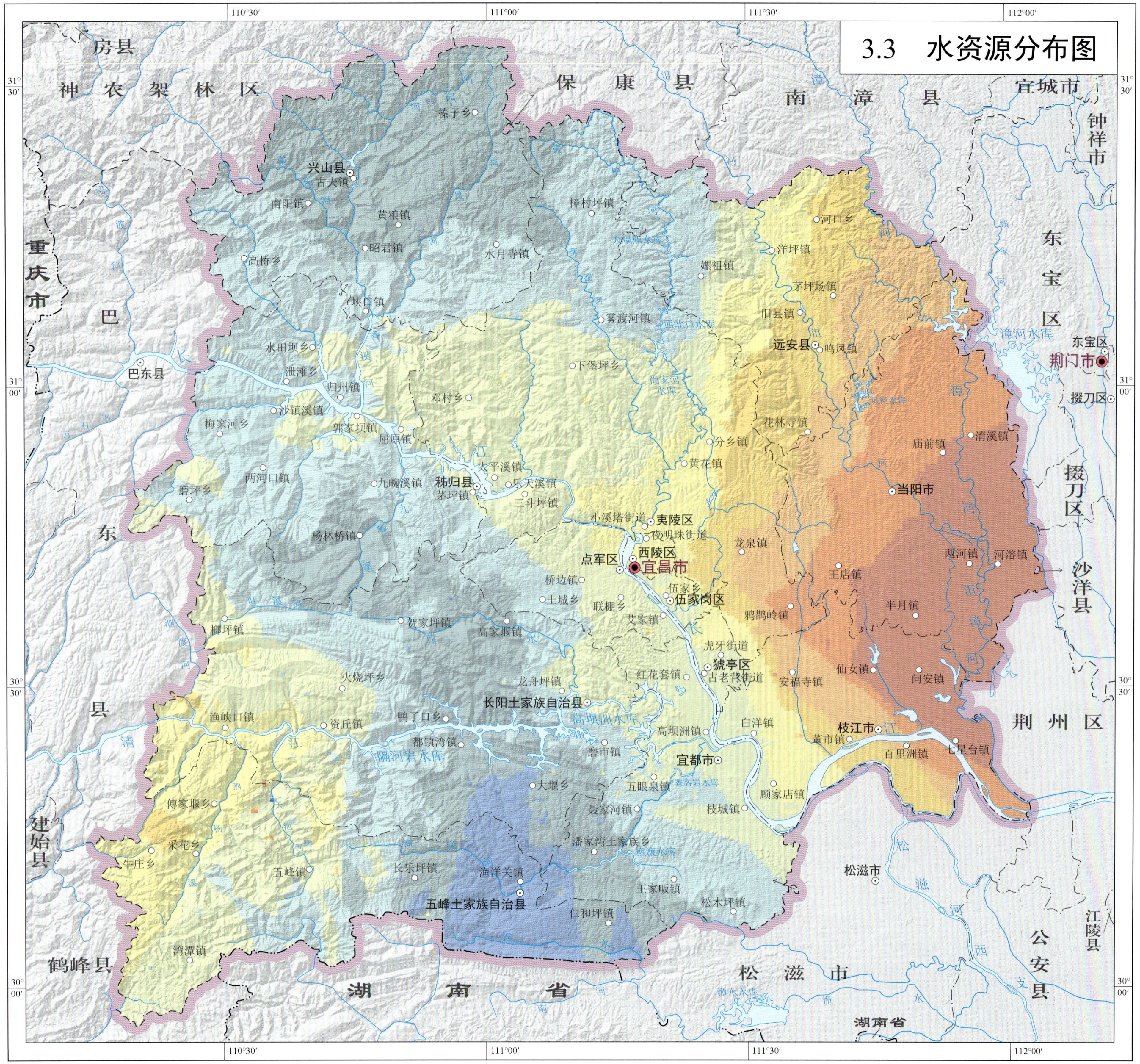

2019年宜昌市水资源总量为128.36×10⁸m³，地下水资源量为41.25×10⁸m³，地表水资源量为87.11×10⁸m³。

水资源空间分布特征较为明显，单位面积水资源量表现为南北高、中间低，西部山区水资源量丰富，东部平原岗地区域水资源量少。单位水资源量最多的区域为渔洋关镇附近区域，约为（85～90）×10⁴m³/km²。沮漳河流域半月镇、河溶镇区域单位水资源量仅为（35～40）×10⁴m³/km²。宜昌市总体单位水资源量平均为（50～65）×10⁴m³/km²，水资源量较为丰富。

单位水资源量/（$10^4m^3\cdot km^{-2}$）

35～40	65～70
40～45	70～75
45～50	75～80
50～55	80～85
55～60	85～92
60～65	

资料来源：宜昌市资源环境承载能力调查评价项目资料整理。

1∶830 000　0　8.3　16.6　24.9 km

3.4 地热资源分布图

资料来源：湖北省宜昌市矿产资源规划。

1∶830 000

宜昌市已发现水热型地热资源共6处，分别位于兴山南阳、长阳盐池、秭归五龙、远安峡口、宜昌市城区上城住宅小区、百里荒生态旅游区，属温热水（40～60℃）及温水（25～40℃）型地热资源。热储类型为层状兼带状，层状热储主要层位为寒武系及奥陶系碳酸盐岩，其次为下三叠统及上、下二叠统碳酸盐岩，带状热储主要与北北西走向和北东走向的活动断裂有关。

宜昌市是国内最适宜开发利用浅层地温能的地区之一，可利用资源总量为7.56×10^{13} kJ，折合标准煤453.54×10^{4} t。夏季可制冷面积1.18×10^{8} m^2，冬季可供暖面积1.21×10^{8} m^2。

宜昌市地热资源勘查规划表

序号	规划区名称	规划类别	工作程度
1	湖北省兴山县南阳镇地热资源可行性勘查重点勘查区 (KZ003)	重点勘查区	详查
2	远安县洋坪镇地热重点勘查区 (KZ031)	重点勘查区	预查
3	长阳土家族自治县盐池地热田地热资源勘查重点勘查区 (KZ036)	重点勘查区	预查
4	湖北省宜昌市上上城小区地热重点勘查区 (KZ047)	重点勘查区	调查评价
5	当阳市李店地热资源重点勘查区 (KZ048)	重点勘查区	调查评价
6	当阳市合意地热资源重点勘查区 (KZ049)	重点勘查区	调查评价

兴山南阳温泉

远安峡口温泉

秭归五龙温泉

长阳盐池温泉

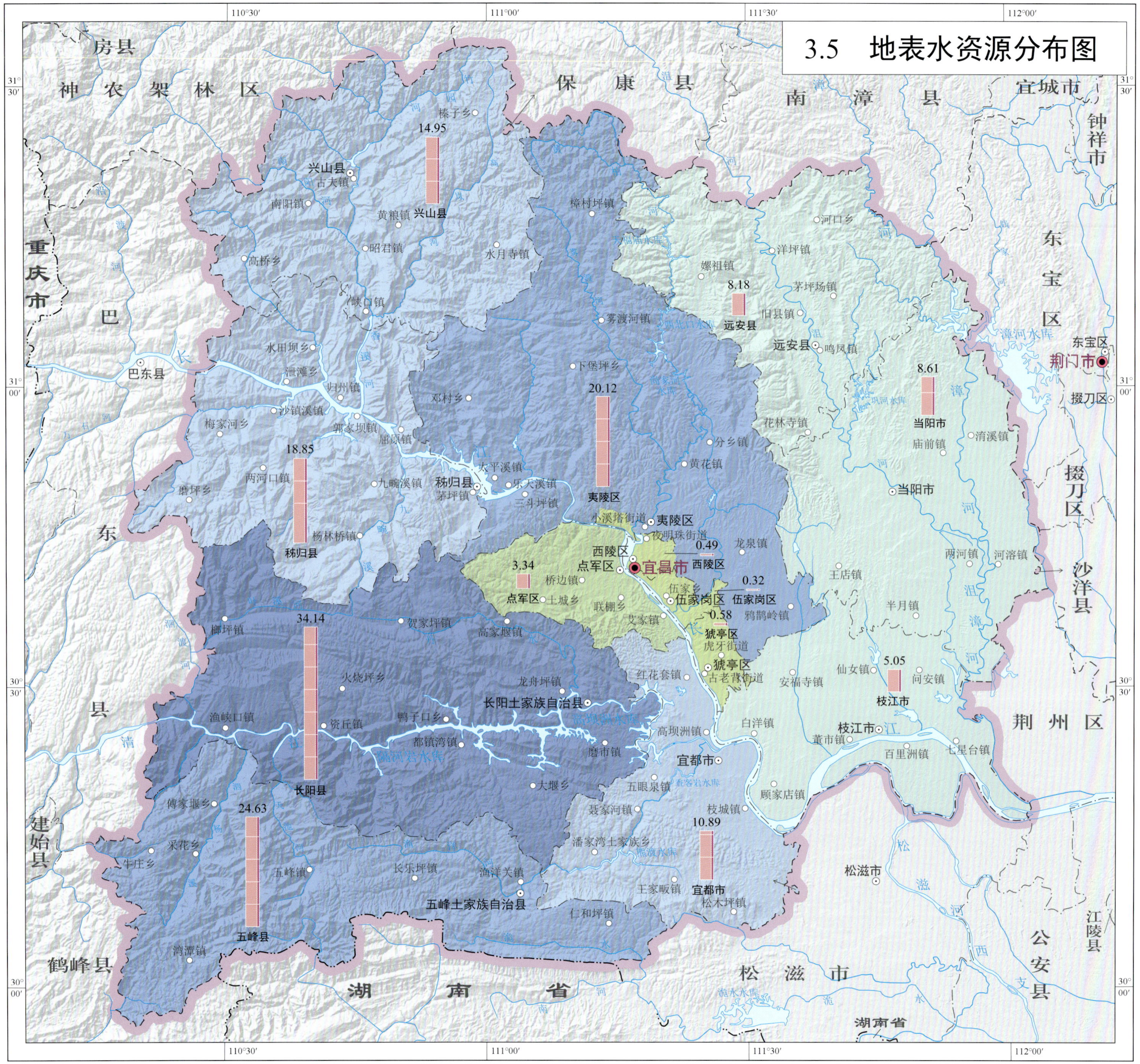

宜昌市可利用地表水资源量约为$143 \times 10^8 m^3$，总体表现为自西向东可利用地表水资源量逐渐减少。其中地表水资源量主要分布在清江流域长阳县和黄柏河流域中。长阳县地表水总资源量为$34.14 \times 10^8 m^3$。宜昌城区由于区域面积较小，相对地表水资源量较少，伍家岗区、西陵区和猇亭区总地表水资源量约为$1.39 \times 10^8 m^3$。

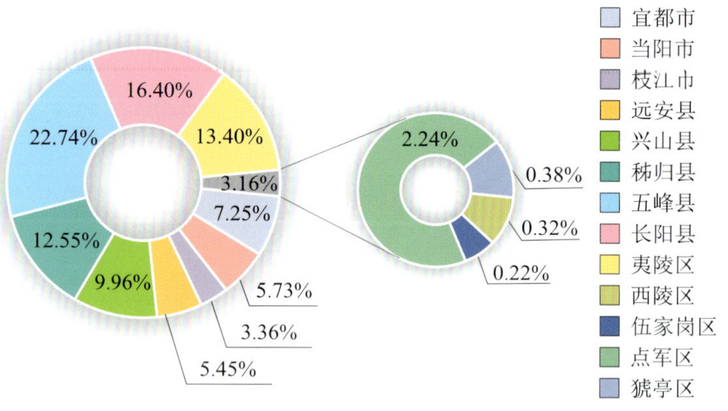

宜昌市各区县(市、区)地表水资源量占比图

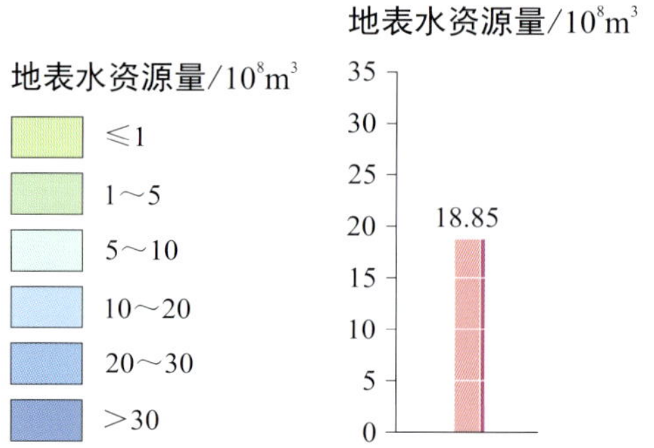

资料来源：宜昌市资源环境承载能力调查评价项目资料整理。

1∶830 000　0　8.3　16.6　24.9 km

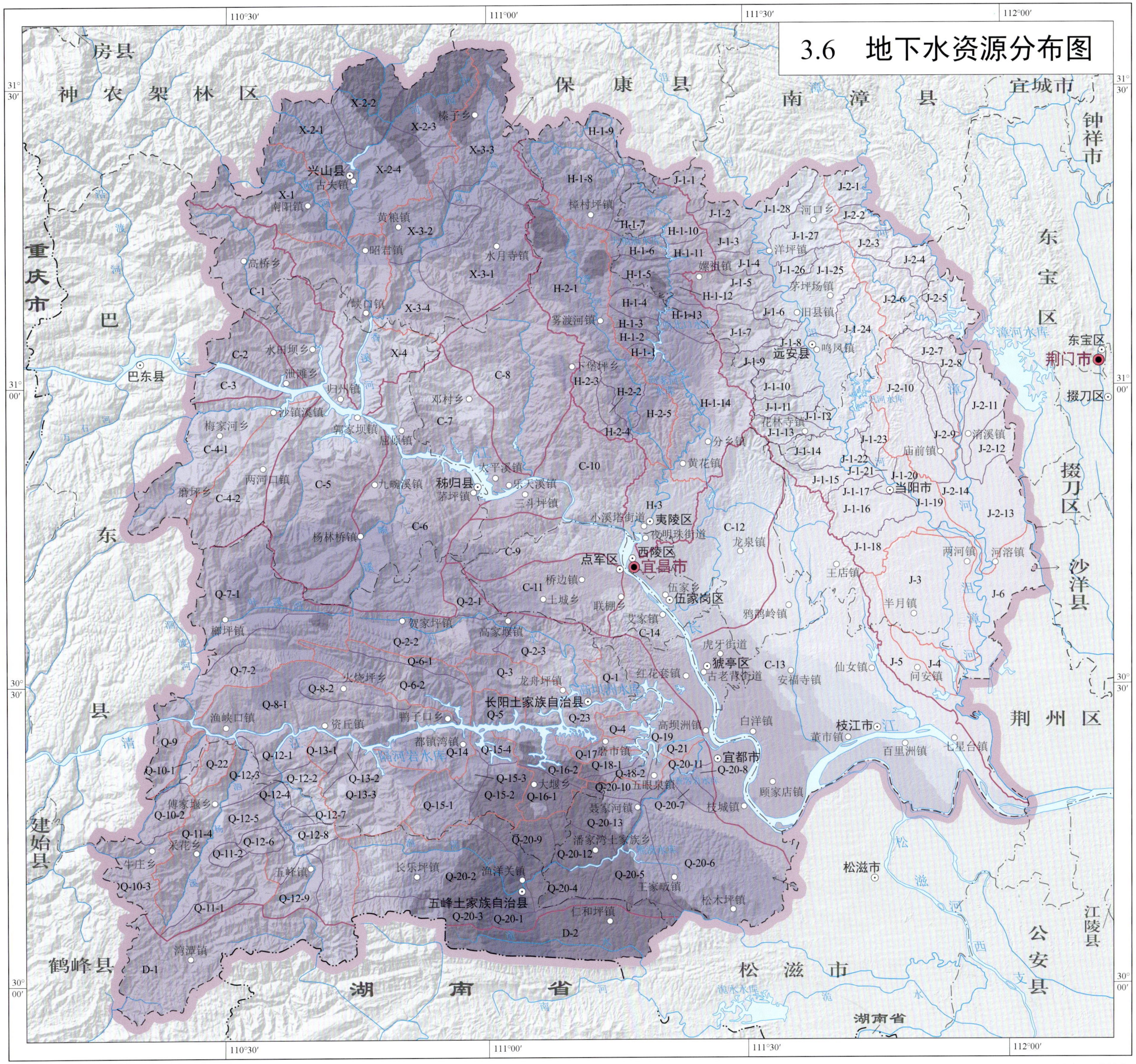

资料来源：宜昌市资源环境承载能力调查评价项目资料整理。

单位面积地下水资源量/［$10^4 m^3 \cdot (km^2 \cdot a)^{-1}$］

Q-4 流域代号
一级流域界线
二级流域界线
三级流域界线
5～10
10～15
15～20
20～25
25～30
30～35
35～40

依据2019年宜昌市降水数据进行计算，宜昌市地下水资源量在（5.00～40.00）$\times 10^4 m^3/(km^2 \cdot a)$之间，与降水的空间分布具有明显的正相关性。清江流域单位面积地下水资源量较大，在$25 \times 10^4 m^3/(km^2 \cdot a)$以上，向北资源量逐渐减小，长江沿江流域地下水资源量较少，主要分布在（15～25）$\times 10^4 m^3/(km^2 \cdot a)$之间。黄柏河流域和香溪河流域单位面积地下水资源量分布在（20～35）$\times 10^4 m^3/(km^2 \cdot a)$之间。东侧沮漳河流域单位面积地下水资源量由于降水量相对较少，且改造活动较多，单位面积地下水资源量主要分布在（5～20）$\times 10^4 m^3/(km^2 \cdot a)$之间。

宜昌市地下水总资源量为$41.25 \times 10^8 m^3$，清江流域地下水资源量最多，为$15.11 \times 10^8 m^3$，长江沿江流域地下水资源量为$9.77 \times 10^8 m^3$。

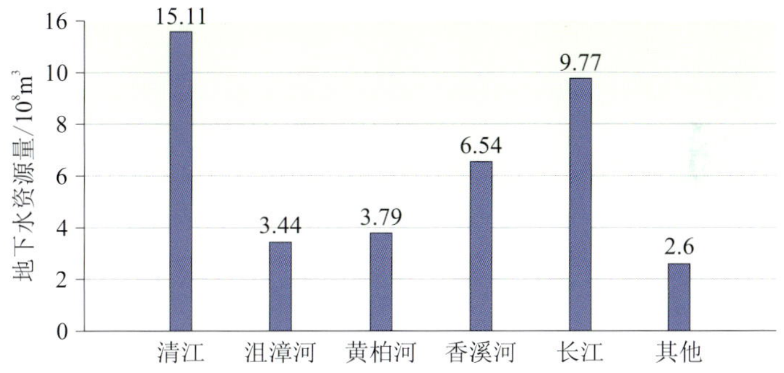

宜昌市地下水资源量统计干流图

3.7 地下水水化学类型图

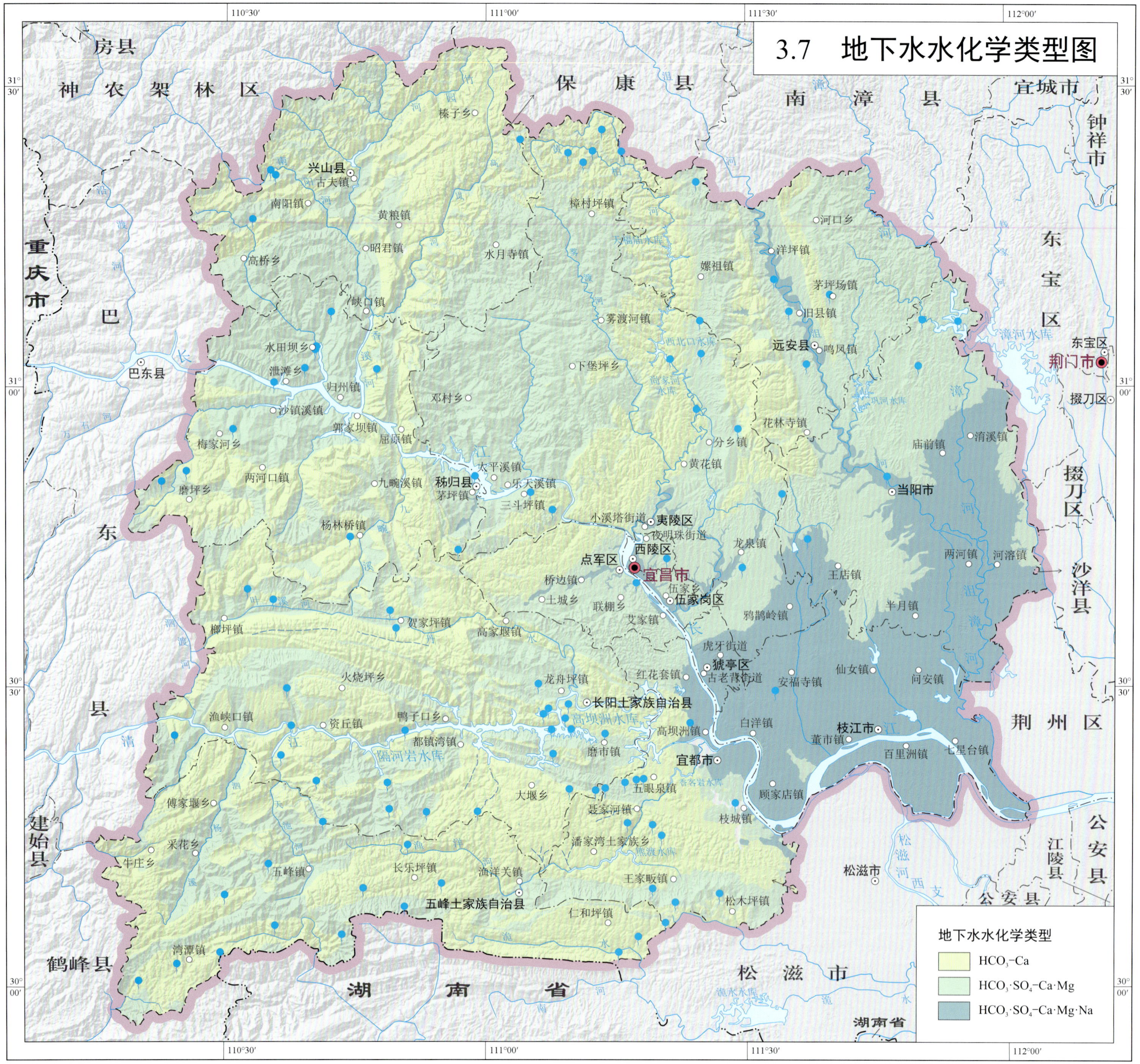

宜昌市地下水总溶解性固体物质（total dissoloved solids，TDS）普遍较低，属于低矿化度地下水。地下水整体水化类型较为单一，可分为HCO_3-Ca、$HCO_3 \cdot SO_4$-Ca·Mg、$HCO_3 \cdot SO_4$-Ca·Mg·Na三大类，影响区域地下水水化学类型的主要因素为地下水储存地层的差异。

经对研究区地层及地下水的分析可知，研究区内地下水多为$HCO_3 \cdot SO_4$-Ca·Mg型，这种类型地下水主要储存在裂隙含水层及相对隔水层中，总体水量偏低，但分布范围较广。

HCO_3-Ca型地下水矿化度极低，主要分布在岩溶地层和第四纪潜水含水层中，地下水水化学成分较单一，矿化度较小，地下水更新频率较快。

研究区中等矿化度地下水主要为更新世孔隙承压水，这部分地下水更新速度较慢，埋深较其他类型地下水深，主要分布在宜都市、枝江市内。

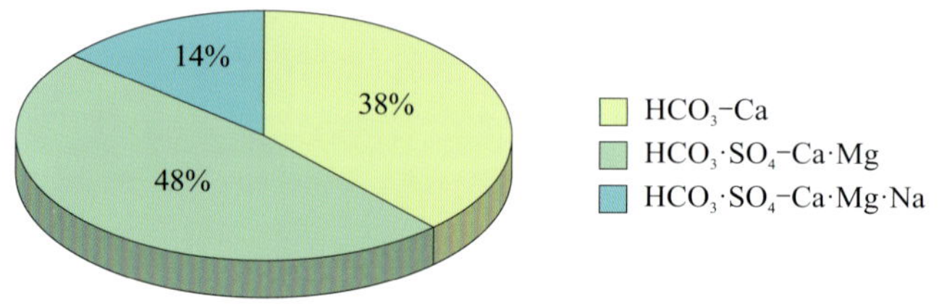

地下水水化学类型占比图

资料来源：宜昌市1：20万水文地质图、宜昌市资源环境承载能力调查评价项目资料整理。

1∶830 000　0　8.3　16.6　24.9 km

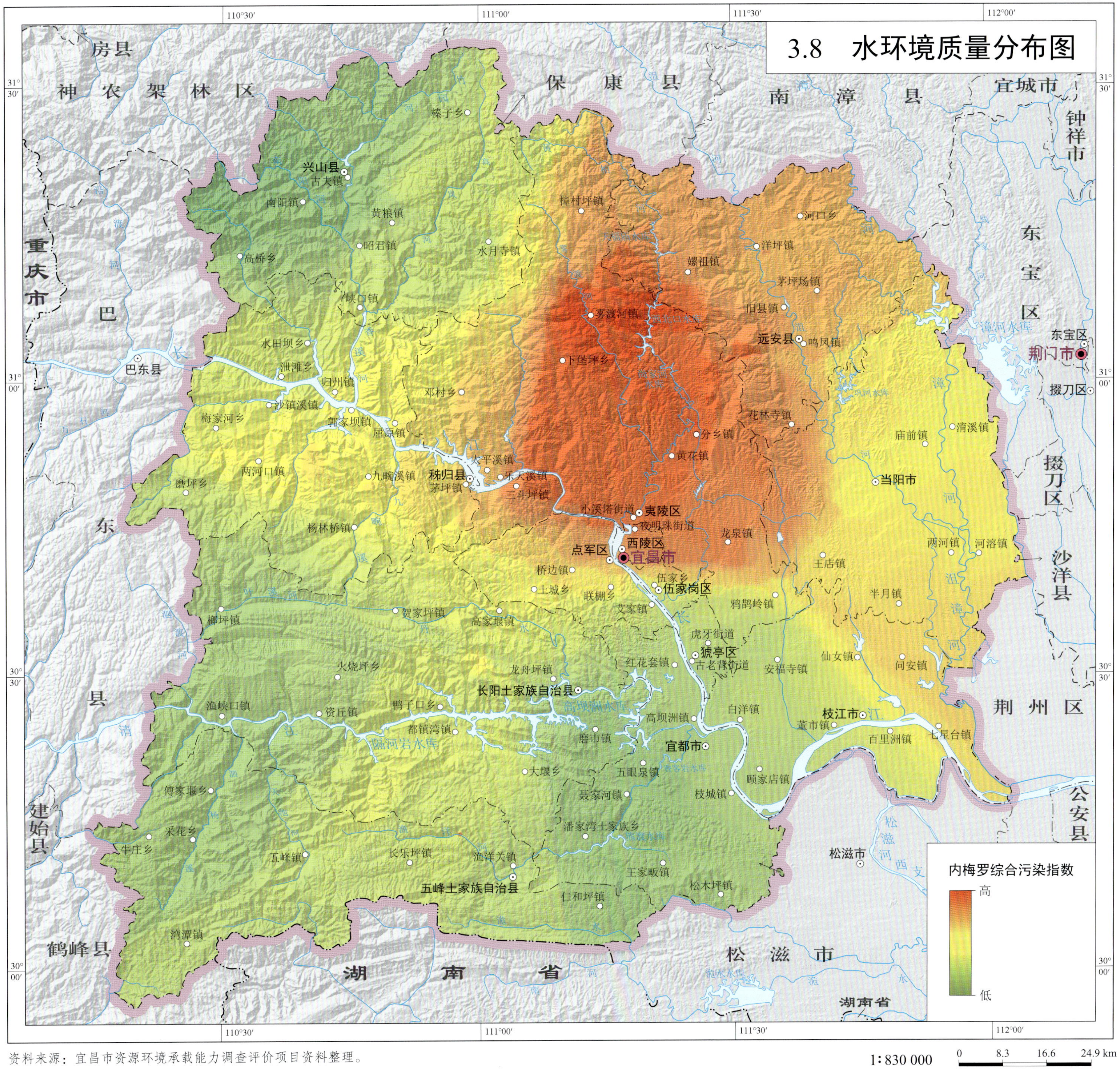

3.8 水环境质量分布图

资料来源：宜昌市资源环境承载能力调查评价项目资料整理。

1∶830 000

宜昌市水体环境质量整体符合国家Ⅲ类水质标准，在黄柏河流域中水环境质量存在一定程度的污染。运用内梅罗综合指标评价法，选取典型污染组分，如总磷、总氮、铅等对宜昌市水环境质量进行评价。

宜昌市内梅罗综合污染指数最小值为1.02，最大值为5.32。清江和香溪河上游流域水质为Ⅱ类水质标准，是宜昌市水质较高的区域，黄柏河流域和沮漳河西侧流域水质污染较为严重，为Ⅳ类水质标准。主要水质污染组分为磷矿污染和生活污水排放。其他流域地区主要为Ⅲ类水质标准，以居民生活和农业生产产生的污染为主。

3.9 地下水质量评价图

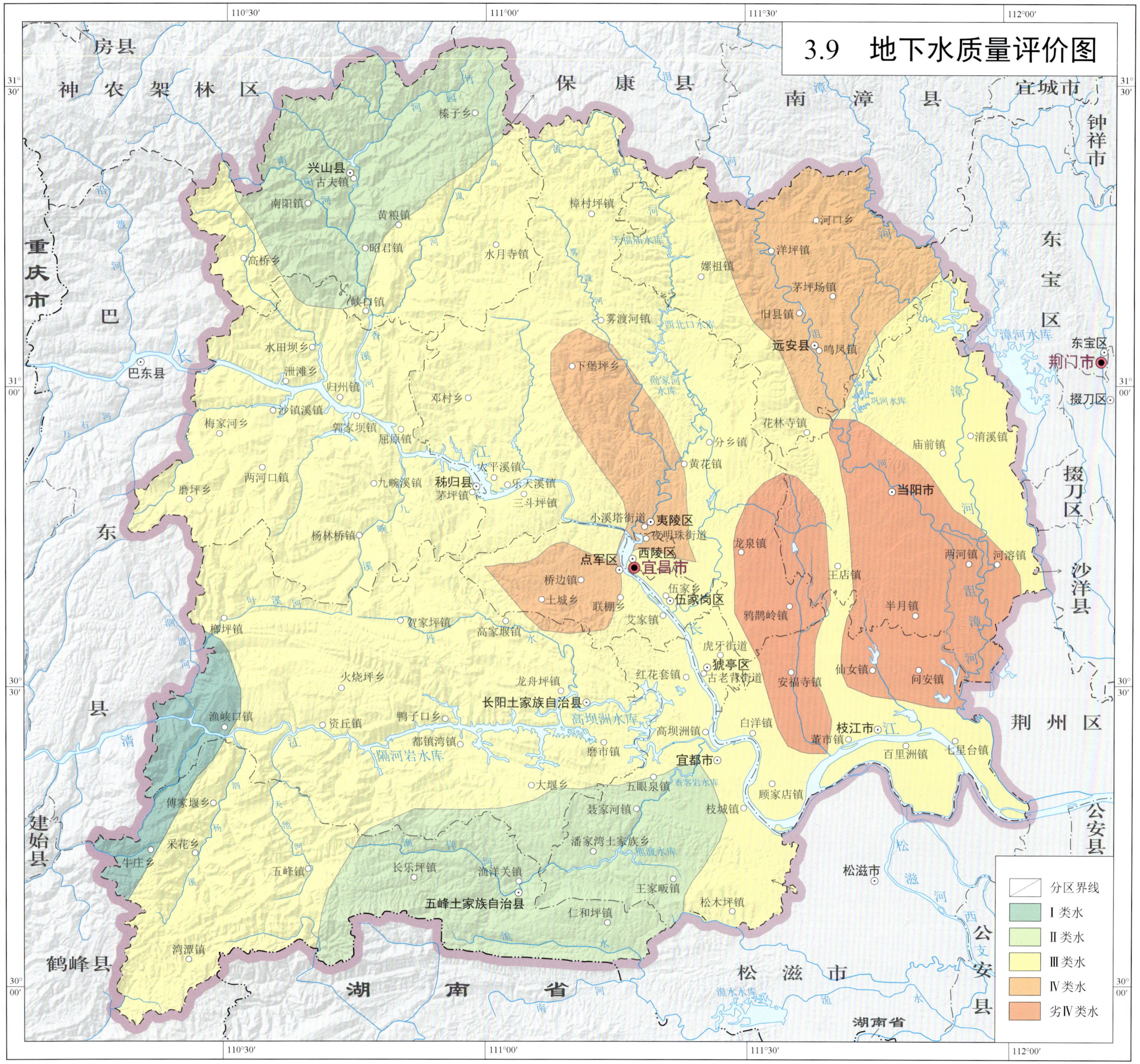

宜昌市地下水水质差别较大，清江上游存在部分Ⅰ类水质，渔洋河、香溪河上游为Ⅱ类水质，黄柏河、清江部分地区和沮漳河上游为Ⅳ类水质，沮漳河下游、玛瑙河为劣Ⅳ类水质。

在宜昌市境内地下水最主要的污染源为生活污水和磷矿污染，其中沮漳河流域磷矿污染情况最为严重。

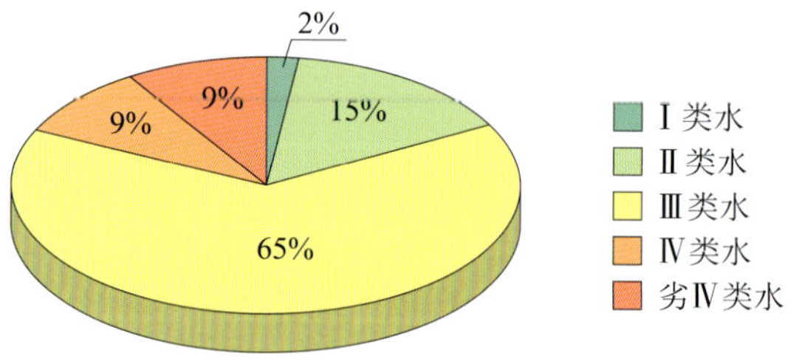

宜昌市地下水水质分布占比图

资料来源：宜昌市资源环境承载能力调查评价项目资料整理。

3.10 地下水资源开采潜力图

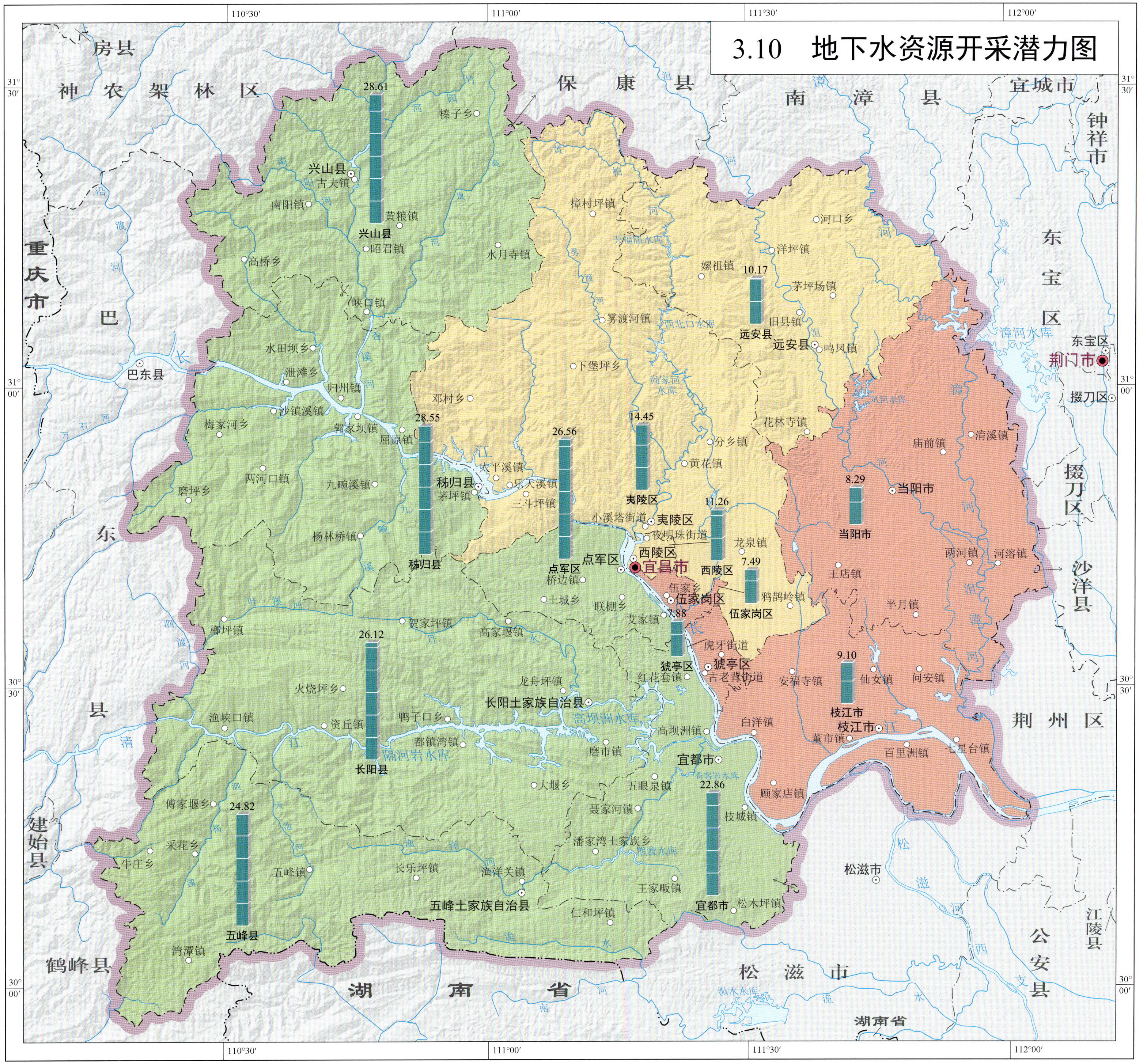

宜昌市地下水均有开发潜力，总体地下水开采潜力指数大于1.2。依据地下水开采潜力模数划分，宜昌市地下水可划分为开采潜力较大、中等、较小3个区域。

整体西部地下水开采模数较大，即单位面积可开采地下水量较多，是宜昌市内地下水资源较丰富地区，向东地下水资源可开采模数逐渐降低，可开采地下水资源量逐渐减小。

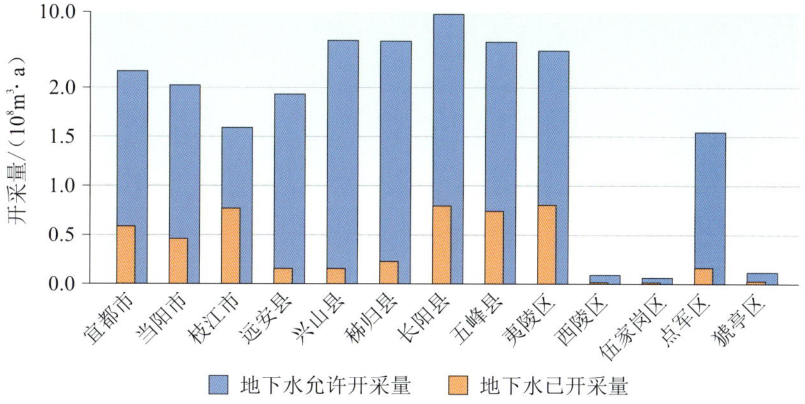

宜昌市地下水资源开采潜力

地下水开采模数/[10^4m^3·(km^2·a)$^{-1}$]

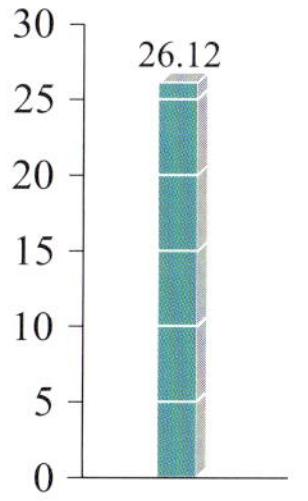

开采潜力/(10^8m^3·a^{-1})

- 开采潜力较小区域（<10）
- 开采潜力中等区域（10～20）
- 开采潜力较大区域（>20）

资料来源：宜昌市资源环境承载能力调查评价项目、宜昌市水资源公报数据整理。

1∶830 000　0　8.3　16.6　24.9 km

3.11 年降水量图

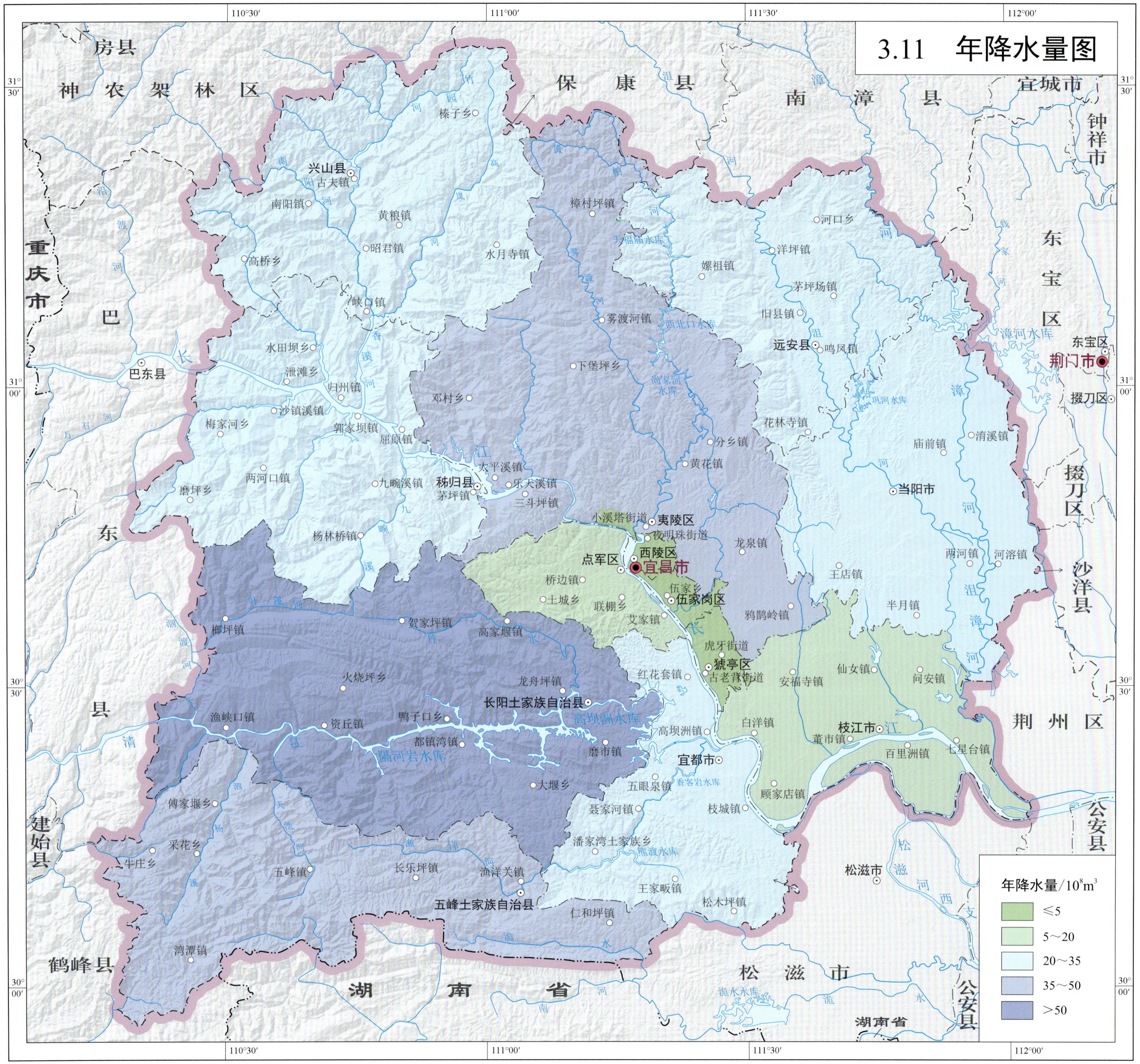

宜昌市地处东亚副热带季风区，降水的水汽来源主要为印度洋孟加拉湾西南季风和太平洋东南季风，此降水多为涡切变类型。偏东水汽来自东海，降水多为东风带系统（台风）类型。各水汽来源的运动规律是每年4月即进入市域，6月中旬到7月形成梅雨期，暴雨多、雨量集中，7月中旬以后雨带逐渐北移。冬季受西伯利亚干冷气团控制，盛行偏北风，寒冷干燥，降水量少。

宜昌市平均年降水量约为1200 mm，总体趋势自南向北逐渐减少，山区降水量多，东南平原区降水量少。按照行政区域划分，长阳县年均降水总量最多，在$50\times10^8\mathrm{m}^3$以上；宜昌市区、枝江市降水总量相对偏少，在$20\times10^8\mathrm{m}^3$以下。

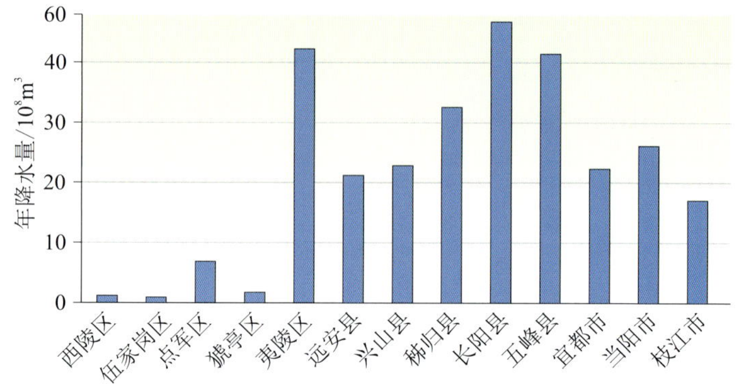

宜昌市年降水量统计图

资料来源：宜昌市资源环境承载能力调查评价项目资料整理。

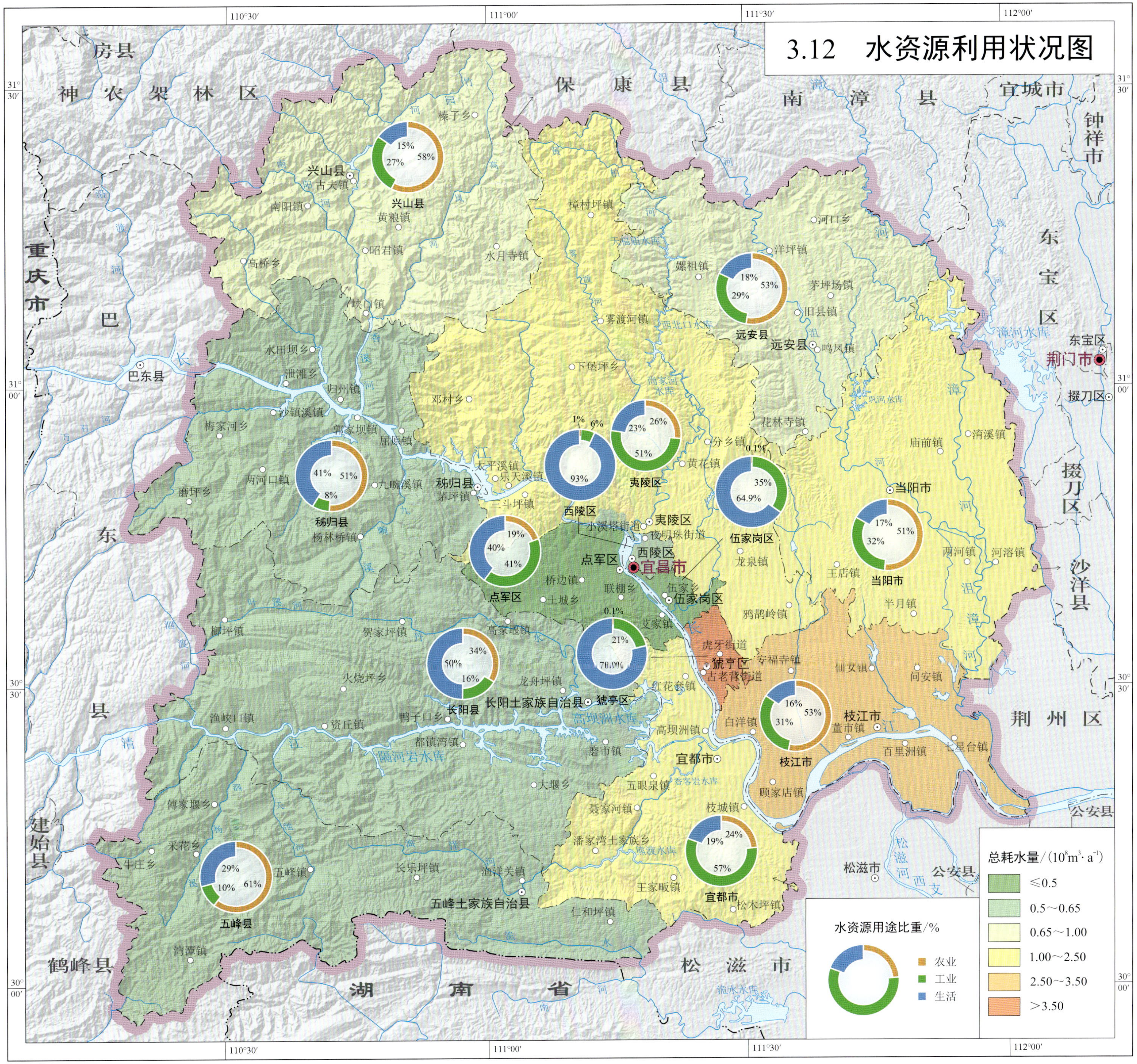

3.12 水资源利用状况图

资料来源：宜昌市资源环境承载能力调查评价项目资料整理。

1∶830 000　0　8.3　16.6　24.9 km

宜昌市年均总水资源利用量为19.53×10⁸m³，猇亭区水资源利用量最大，达4.86×10⁸m³；其次为枝江市，水资源利用量为3.13×10⁸m³；宜都市、当阳市和夷陵区水资源利用量在（1.00～2.50）×10⁸m³之间；点军区水资源利用量最小，仅为0.22×10⁸m³。

水资源利用途径主要分为农业生产用水、工业生产用水和居民生活用水。农业生产总用水量为5.92×10⁸m³/a，工业生产总用水量为6.03×10⁸m³/a，各约占水资源利用总量的30.88%；居民生活用水量为7.57×10⁸m³/a，占水资源利用总量的38.76%。

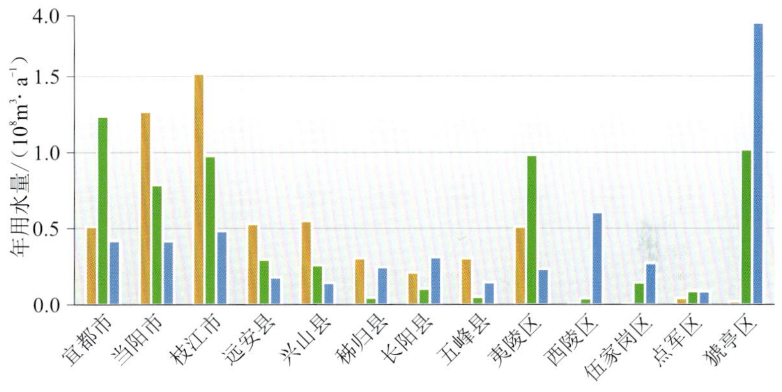

宜昌市水资源利用状况统计图

3.13 人均水资源量分布图

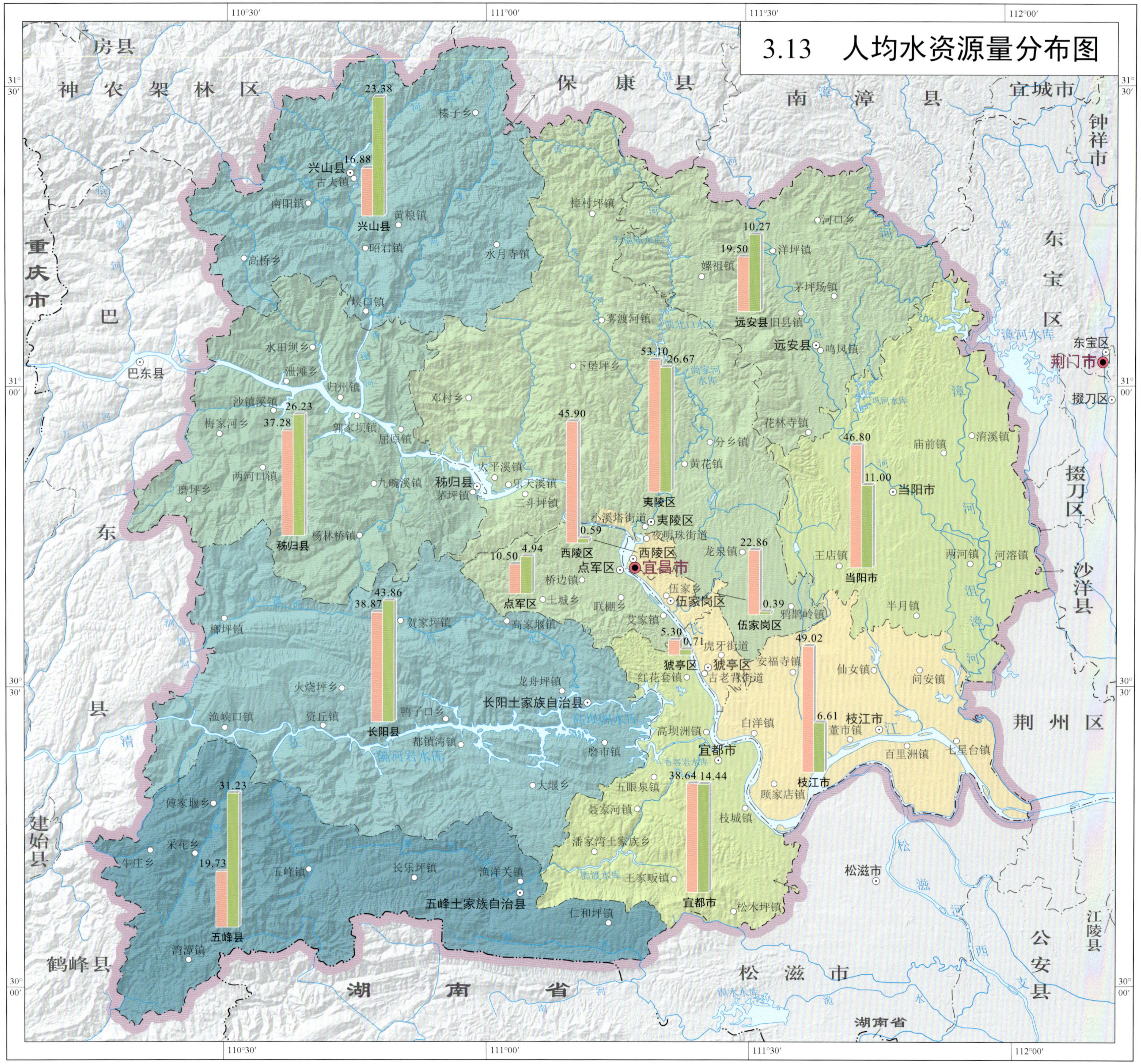

截至2019年底，宜昌市常住人口为413.79×10⁴人，年人均水资源量为0.50×10⁴m³。整体人均水资源量较多，不属于缺水地区。

宜昌市区域人均水资源量差异较大，西部区域水资源量较多，且人口相对较少，人均水资源量较多，平均在$1\times10^4 m^3/(人\cdot a)$以上。东部相对缺水，在宜昌市猇亭区、枝江市人均水资源量不足$0.2\times10^4 m^3/(人\cdot a)$，相对缺水。

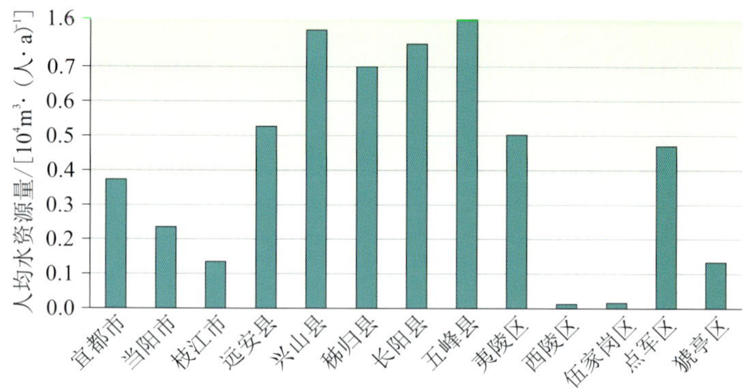

宜昌市人均水资源量统计图

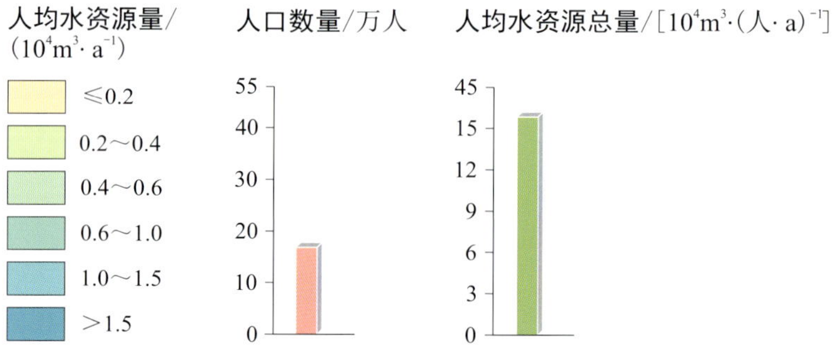

资料来源：宜昌市资源环境承载能力调查评价项目资料整理。

1∶830 000　0　8.3　16.6　24.9 km

3.14 监测点分布图

资料来源：湖北省宜昌兴山香溪河岩溶流域1∶5万水文地质调查项目资料整理。

1∶830 000　0　8.3　16.6　24.9 km

宜昌市流域地表水监测单元总体目标是建立较系统的宜昌境内长江干、支流地表水监测网络体系，监测单元共布设99个监测断面点。监测任务主要包括：①在丰水期（6—8月）、平水期（3—5月、9—11月）、枯水期（12月至翌年2月），对宜昌市境内99条河流监测点水质进行现场测定并取样；②选择重要流域（长江、清江、黄柏河）展开月分辨率的定期监测和采样，实现对宜昌市境内流域地表水动态评价，为水质调查评价提供可靠的基础数据，为自然资源管理、水资源利用与保护、生态文明建设提供及时服务。

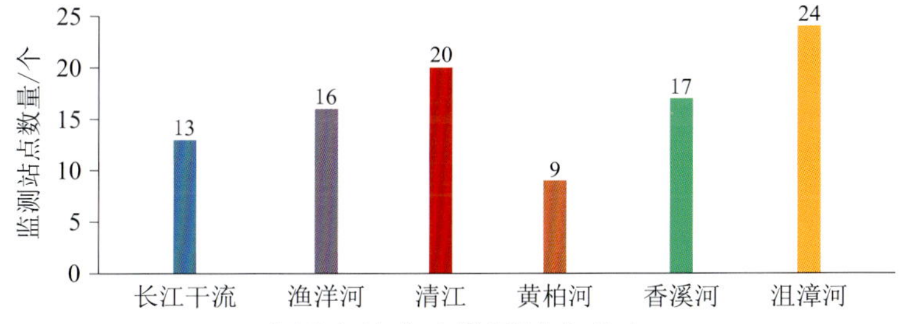

宜昌市地表水监测站点分布

4 土地资源

4.1　土地利用现状图

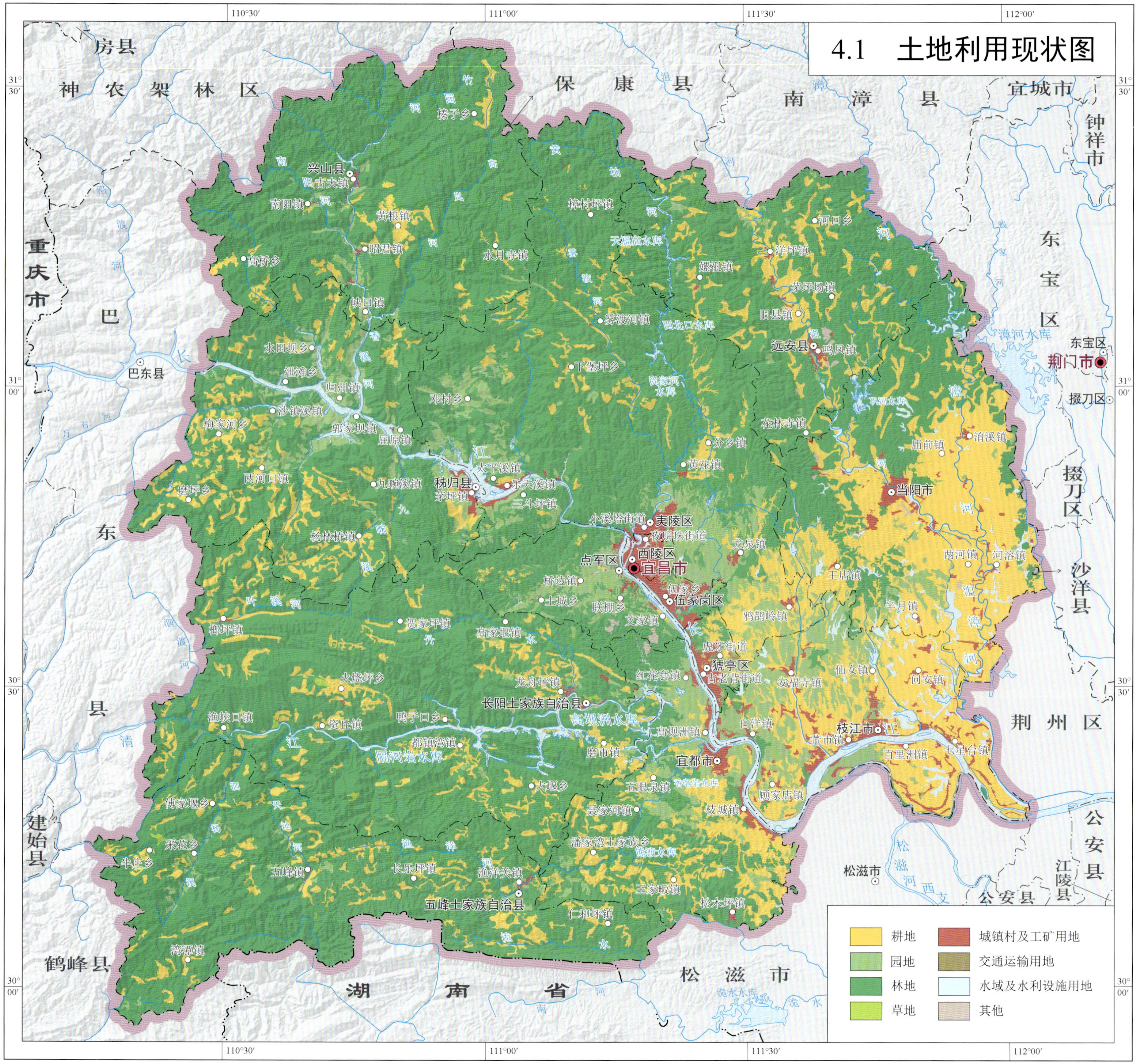

宜昌市面积21 221.17 km^2，其中耕地面积约3 869.68 km^2，占总面积的18.23%；园地面积1713 km^2，占总面积的8.07%；林地面积约14 470.15 km^2，占总面积的68.19%；草地面积11.29 km^2，占总面积的0.05%；城镇村及工矿用地面积462.39 km^2，占总面积的2.18%；交通运输用地面积4.82 km^2，占总面积的0.02%；水域及水利设施用地面积666.30 km^2，占总面积的3.15%；其他土地面积23.54 km^2，占总面积的0.11%。

各区县土地利用类型及面积统计表　　单位：km^2

县（市、区）	耕地	园地	林地	草地	城镇村及工矿用地	交通运输用地	水域及水利设施用地	其他土地
西陵区	0	13.59	15.98	0	38.85	0	8.14	0
伍家岗区	0	15.46	14.58	0	43.76	0.69	8.23	0
点军区	13.21	124.42	348.95	0	10.38	0	17.70	6.70
猇亭区	19.50	18.13	40.57	0	30.06	2.96	10.71	0
夷陵区	301.02	473.70	2 531.25	0.49	51.66	0.06	58.92	1.61
远安县	284.84	25.49	1 396.33	0	14.28	0	13.86	7.67
兴山县	114.71	55.84	2 129.09	0	6.22	0.06	11.88	0
秭归县	315.18	242.75	1 616.82	0	14.26	0.07	87.30	0
长阳县	406.89	37.46	2 870.25	8.25	11.91	0	80.35	0
五峰县	257.96	53.20	2 056.86	2.55	4.60	0	0.60	0
宜都市	346.49	215.98	692.07	0	44.28	0	48.78	2.40
当阳市	1 145.98	91.78	725.08	0	63.90	0	114.40	4.61
枝江市	663.90	345.20	32.32	0	128.23	0.98	205.43	0.55
总计	3 869.68	1 713.00	14 470.15	11.29	462.39	4.82	666.30	23.54

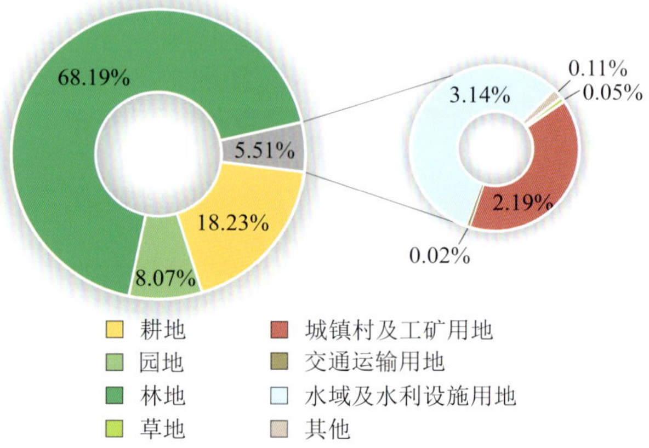

宜昌市土地利用分类面积占比图

资料来源：第二次全国土地调查。

1∶830 000

4.2 耕地资源分布图

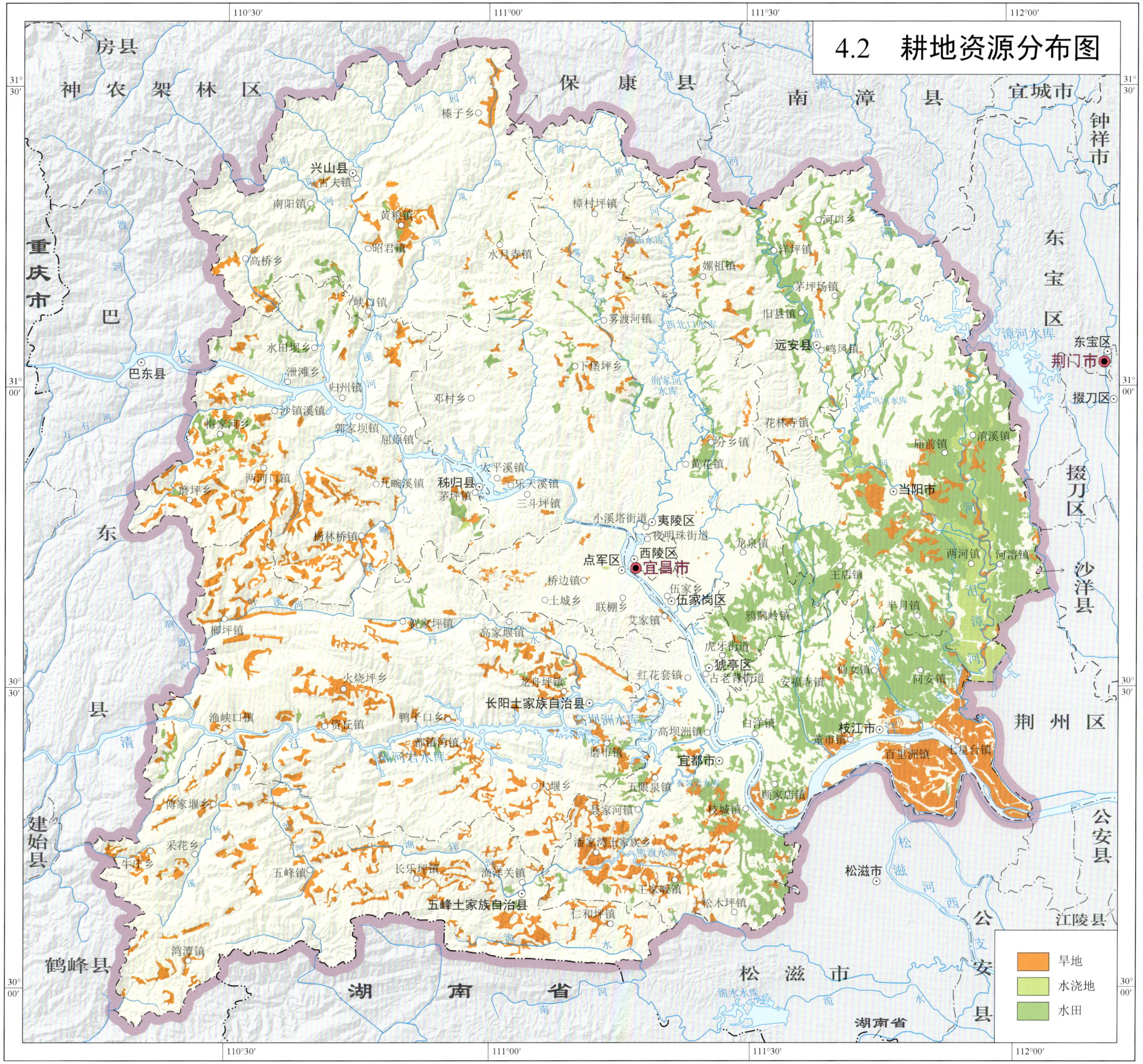

资料来源：第二次全国土地调查。

1 : 830 000

宜昌市耕地面积约3 869.67 km²，占市域面积的18.23%。其中水田约2 015.65 km²，占耕地总面积的52.09%；水浇地约174.89 km²，占4.52%；旱地约1 679.13 km²，占43.39%。水旱比为1.20∶1，水田略多于旱地的原因主要是江汉平原西侧的枝江市、宜都市、远安县及当阳市东南部等地的水田多于旱地；虽然丘陵及山地地区的旱地略多于水田，但差值不及前者。宜昌市水资源总量大，但调节能力偏低，水旱灾害频繁，经常出现连丰连枯的现象；且地域分布不均，西部山区水资源丰富，耕地面积少，东部平原丘陵区耕地面积多，水资源量较少，这些特点将影响土地资源的合理利用与保护。

宜昌市耕地现状汇总统计表　　单位：km²

县（市、区）	总计	水田	水浇地	旱地
当阳市	1 145.98	812.28	172.11	161.59
点军区	13.21	0.03	0.69	12.49
猇亭区	19.50	18.25	0.30	0.95
兴山县	114.71	29.66	0.00	85.05
夷陵区	301.02	225.53	0.00	75.49
宜都市	346.49	178.18	0.00	168.31
远安县	284.84	215.88	0.00	68.96
枝江市	663.90	373.11	0.00	290.79
秭归县	315.18	79.81	1.79	233.58
长阳县	406.88	65.28	0.00	341.60
五峰县	257.96	17.64	0.00	240.32

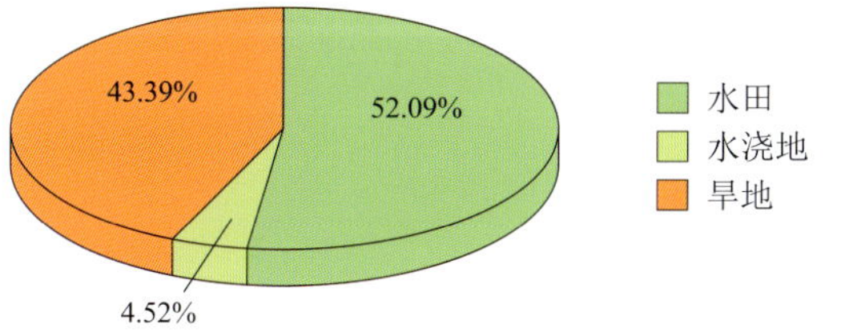

宜昌市耕地面积占比图

4.3 土壤类型图

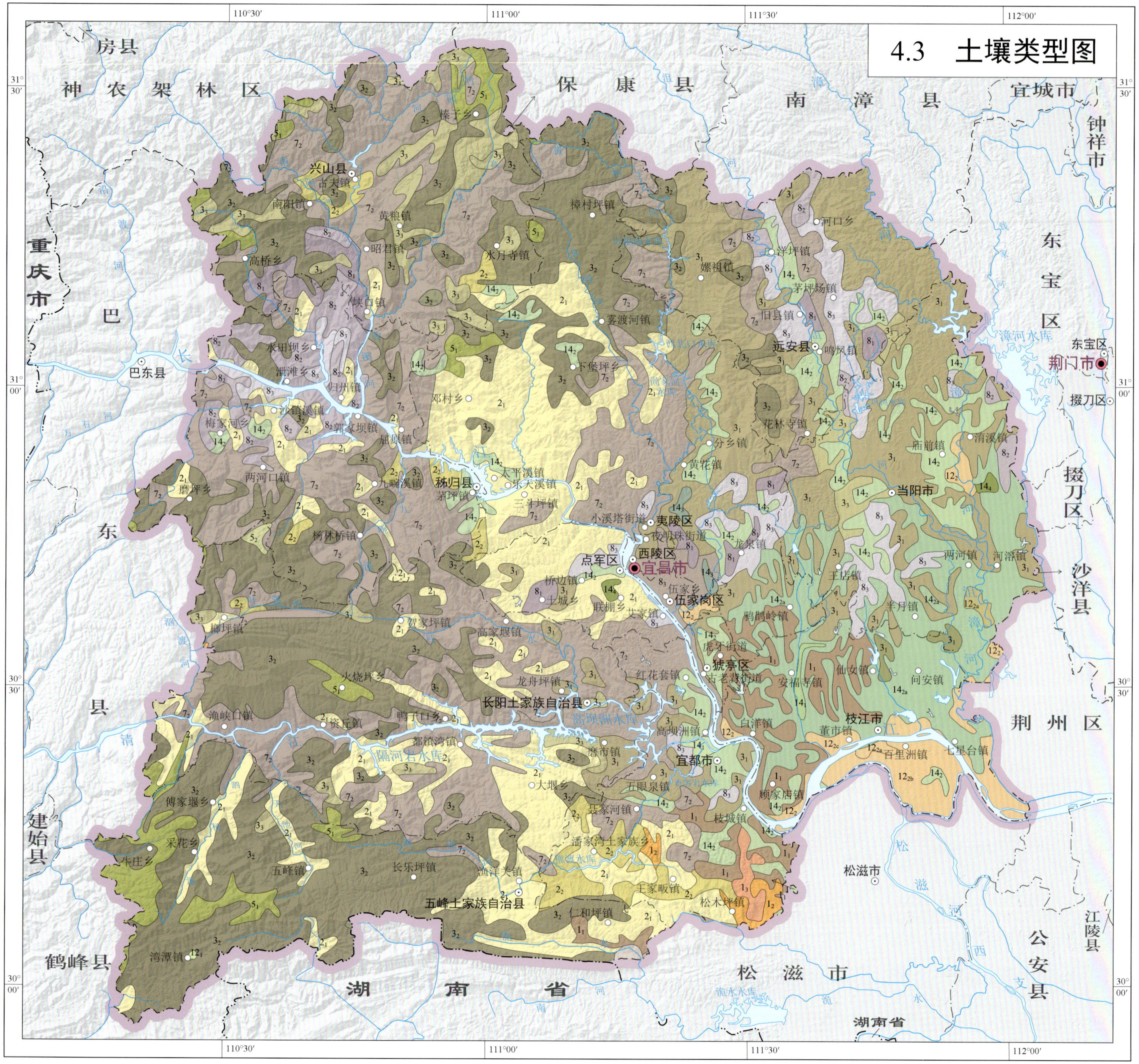

1. 红壤
- 1_1 棕红壤
- 1_2 黄红壤
- 1_3 红壤性土

2. 黄壤
- 2_1 黄壤
- 2_2 黄壤性土

3. 黄棕壤
- 3_1 黄棕壤
- 3_2 暗黄棕壤
- 3_4 黄棕壤性土

5. 棕壤
- 5_1 酸性棕壤
- 5_2 棕壤性土

7. 石灰土
- 7_2 棕色石灰土
- 7_3 红色石灰土

8. 紫色土
- 8_1 酸性紫色土
- 8_2 中性紫色土
- 8_3 灰紫色土

12. 潮土
- 12_1 潮土
- 12_2 灰潮土
- 12_{2a} 砂土型灰潮土
- 12_{2b} 壤土型灰潮土
- 12_{2c} 黏土型灰潮土

14. 水稻土
- 14_1 淹育型水稻土
- 14_2 潴育型水稻土
- 14_{2a} 第四纪黏土泥田
- 14_3 潜育型水稻土
- 14_4 漂洗型水稻土

其他
- 水体
- 土壤类型界线

1∶830 000　0　8.3　16.6　24.9 km

资料来源：湖北省分县土壤图集。

宜昌市土壤类型可划分为9个土类、24个亚类、87个土属，共333个土种。9个土类面积占全市总面积的比例从大到小依次为黄棕壤占41.34%、石灰土占23.17%、黄壤占15.63%、紫色土占7.83%、水稻土占6.24%、潮土占2.65%、棕壤占2.07%、红壤占1.03%、草甸土占0.04%。黄棕壤分布在中山地区，成土母质多样，以第四系黄色黏土发育的黄棕壤较为典型。石灰土分布在除枝江市外的其他市县，母岩具有溶蚀风化的特点。黄壤主要分布于市境西部低山丘陵地区，母质为花岗岩、泥质岩、石灰岩等。紫色土主要分布在秭归、兴山和当阳的低山丘陵地区。水稻土主要分布在市境平原、丘陵及低山地区。潮土主要分布在长江及其支流两岸阶地。棕壤主要分布于海拔1800 m以上的山地，成土母质有花岗岩、泥质岩和部分石灰岩。红壤主要分布在枝城、五峰及与湖南接壤的丘陵区；其母质为第四系红色黏土、泥质岩和部分石灰岩。草甸土主要分布在海拔2000 m以上、地势较为开阔的谷地。

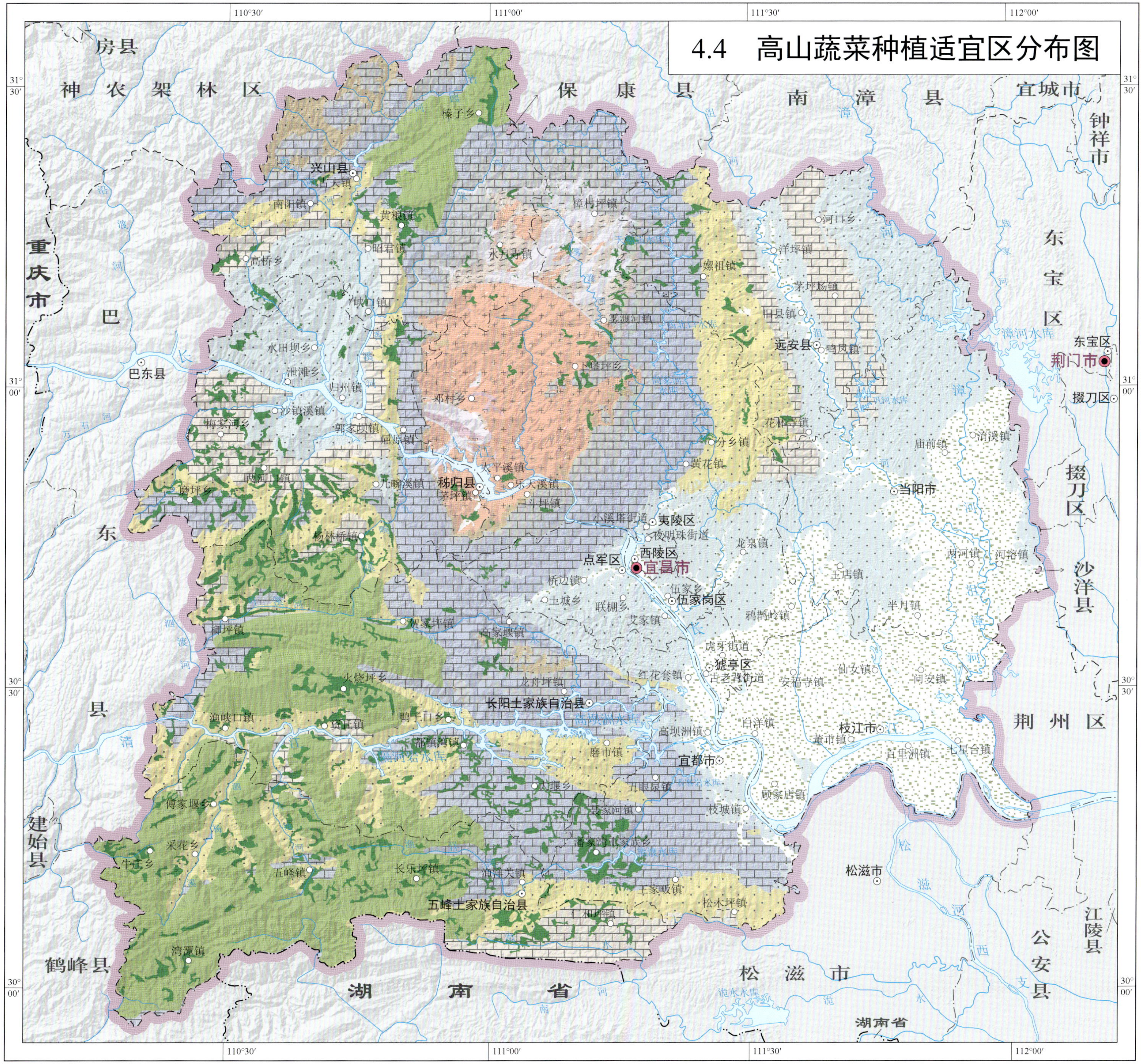

- 水体
- 蔬菜分布区
- 高山蔬菜适宜区
- 变质岩建造区
- 第四系砂石土建造
- 上三叠统、侏罗系、白垩系、古近系、新近系沉积碎屑岩建造
- 中下三叠统碳酸盐岩建造
- 志留系、泥盆系、石炭系、二叠系沉积碎屑岩建造
- 寒武系、奥陶系碳酸盐岩建造
- 震旦系碳酸盐岩建造
- 中元古界、蓟县系、南华系沉积碎屑岩建造
- 太古宇—元古宇变质岩建造
- 新太古代、新元古代中酸性侵入岩建造
- 中太古代、中新元古代(超)基性侵入岩建造

资料来源：第二次全国土地调查、宜昌市资源环境承载能力调查评价项目野外调查。

1∶830 000　0　8.3　16.6　24.9 km

宜昌市立足生态环境和自然资源优势，将特色资源优势转化为经济发展优势，大力发展高山蔬菜产业，取得了令世人瞩目的成绩，以火烧坪高山蔬菜为代表的高山蔬菜产业成为了三峡宜昌一张耀眼的名片。

高山蔬菜主要产于海拔1000～1700 m的高山区，是宜昌市仅次于柑橘、茶叶的第三大特色产业，从20世纪80年代中期开始起步，以长阳火烧坪乡为圆点向外辐射至长阳所有高山、二高山地区，并逐步扩展到五峰、兴山、秭归、宜都等地，实现了从小菜园到大基地、从小菜篮到大市场、从小生产到大产业的飞跃。截至2016年底，全市高山蔬菜基地面积达50万亩（1亩≈666.67 m^2），其中长阳土家族自治县30万亩，兴山县8万亩，五峰土家族自治县5万亩，夷陵区、秭归县、宜都市共7万亩。基地面积超过5万亩的乡镇有6个，万亩以上的品种基地有6个。高山蔬菜播种总面积100万亩，总产量达300×10^4t，年总产值达60亿元。

高山蔬菜适宜区主要分布在高山灰岩台地，海拔高，台地范围内地形起伏较小；气候特点是冬长春短无夏，主要天气灾害是冰雹、夏秋阴雨和早霜。土壤以山地黄棕壤和棕壤为主，土层深厚，土壤酸碱度适宜，有利于高山蔬菜的生长。

4.5 茶叶种植适宜区分布图

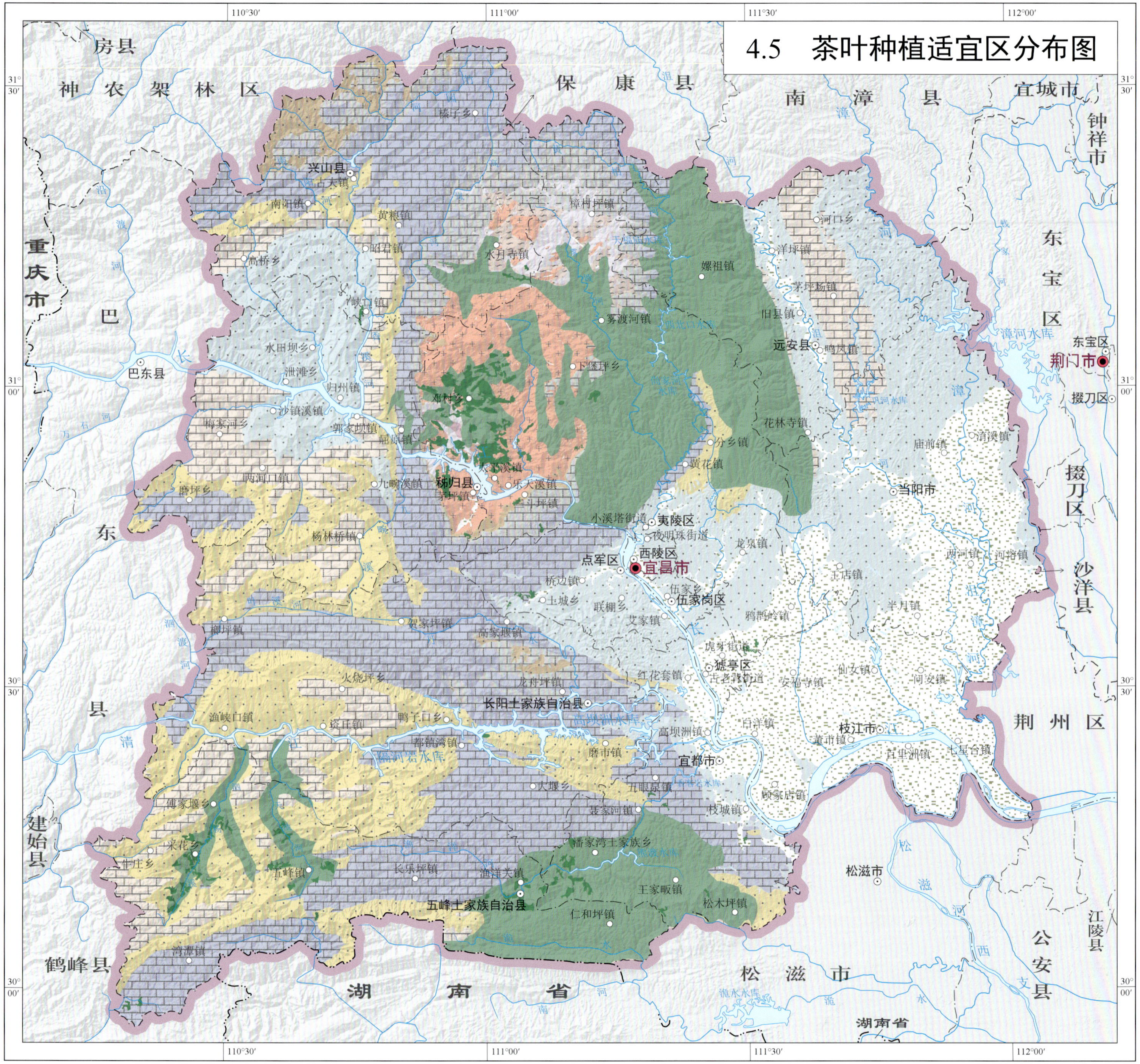

- 水体
- 茶叶分布区
- 茶叶适宜区
- 变质岩建造区
- 第四系砂石土建造
- 上三叠统、侏罗系、白垩系、古近系、新近系沉积碎屑岩建造
- 中下三叠统碳酸盐岩建造
- 志留系、泥盆系、石炭系、二叠系沉积碎屑岩建造
- 寒武系、奥陶系碳酸盐岩建造
- 震旦系碳酸盐岩建造
- 中元古界、蓟县系、南华系沉积碎屑岩建造
- 太古宇—元古宇变质岩建造
- 新太古代、新元古代中酸性侵入岩建造
- 中太古代、中新元古代(超)基性侵入岩建造

资料来源：第二次全国土地调查、宜昌市资源环境承载能力调查评价项目野外调查。

1:830 000　0　8.3　16.6　24.9 km

宜昌是全国知名的“橘都茶乡”，是“万里茶道”重要节点城市，是中国传统三大红茶之一——“宜红茶”的主要原产地，是农业农村部规划的长江上中游特色和出口绿茶重点区域。

茶叶作为全市特色优势产业和山区农民增收致富的支柱产业，是宜昌农业结构调整中具有区域优势的特色产品，也是具有竞争优势的劳动密集型产品，特别是库区移民安置就业人口多、产业关联度大、带动力强，在增加农民收入中占有举足轻重的地位。湖北宜昌各县市均产茶叶，境内最重要的茶叶产地为宜昌邓村茶区、五峰茶区。据统计，2017年宜昌市茶叶面积达94万亩，综合产值达110亿元，茶叶面积、产量居全省第二位，综合效益居全省第一位。并且近年来，在传统绿茶、红茶的基础上，宜昌市新开发出黑茶、砖茶、乌龙茶、松香茶等系列产品，及茶饮料、茶食品、茶多酚等精深加工产品，进一步提升了茶产业的经济效益。

宜昌市优质茶园主要分布在海拔400～800 m之间，茶叶适宜区的主要土壤类型有黄壤、黄棕壤、红壤3类，形成这些土壤的母质主要为碳酸盐岩风化物、泥质岩类风化物、酸性结晶岩类风化物等。

4.6 水果种植适宜区分布图

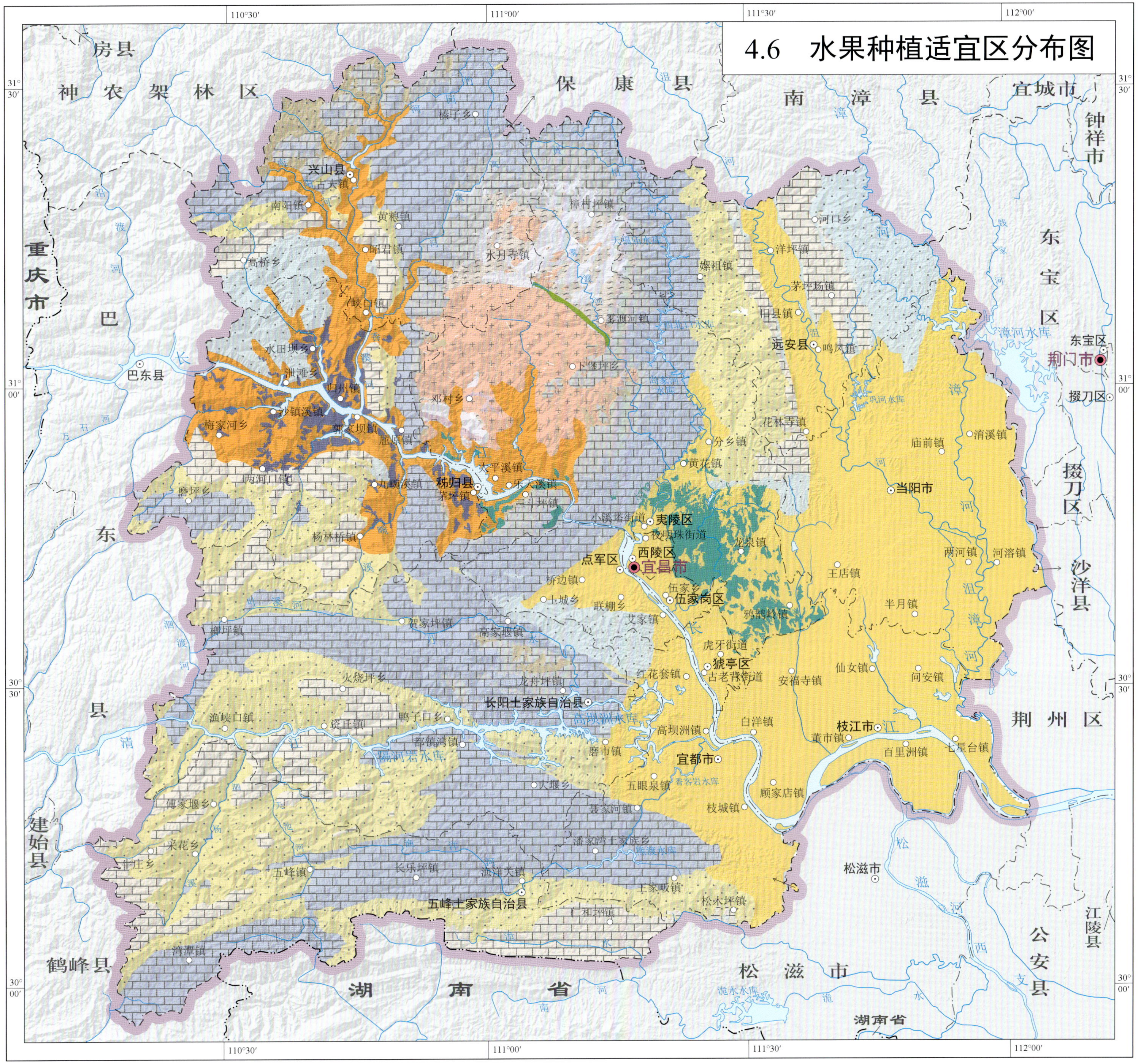

图例
水体
脐橙分布区
蜜橘分布区
脐橙适宜区
蜜橘适宜区
猕猴桃适宜区
变质岩建造区
第四系砂石土建造
上三叠统、侏罗系、白垩系、古近系、新近系沉积碎屑岩建造
中下三叠统碳酸盐岩建造
志留系、泥盆系、石炭系、二叠系沉积碎屑岩建造
寒武系、奥陶系碳酸盐岩建造
震旦系碳酸盐岩建造
中元古界、蓟县系、南华系沉积碎屑岩建造
太古宇—元古宇变质岩建造
新太古代、新元古代中酸性侵入岩建造
中太古代、中新元古代(超)基性侵入岩建造

资料来源：第二次全国土地调查、宜昌市资源环境承载能力调查评价项目野外调查。

1∶830 000　0　8.3　16.6　24.9 km

宜昌市是农业农村部确定和重点支持的长江上中游优质宽皮柑橘产业带的中心区域，也是三峡库区优质脐橙产区。柑橘是宜昌市特色农业的第一大产业，全市40多万农户100多万农民以柑橘生产为主要经济来源，柑橘总产量达到148×10^4 t。

宜昌出产柑橘的历史悠久，现在栽橘的规模居全省之冠，且有着众多的优良品种。秭归县的脐橙和桃叶橙、夷陵区的蜜橘、宜都市的甜柚、当阳市的金水柑、兴山县的锦橙、窑湾乡的蜜橘等一批特色产品荣获国家和省优质果品称号。精品名牌有秭归伦晚、秭归桃叶橙、秭归橘橙、秭归纽荷尔脐橙、秭归夏橙、秭归锦橙、秭归罗伯逊脐橙、秭归血橙、秭归朋娜脐橙、宜都甜柚、宜都光明柑、宜昌柑、宜昌蜜柑、窑湾蜜桔、南丰蜜桔、华农少核本地早。

秭归脐橙产于宜昌市秭归县。秭归地处长江西陵峡畔，是著名的“中国脐橙之乡”，独特的地理和自然环境成就了秭归脐橙浓郁的地理特色和品质特色。秭归地处三峡河谷地区，受秦巴山脉及三峡水库影响，河谷地带气候特殊，为湖北冬暖之最，是秭归脐橙栽培的最佳适宜区。宜昌柑橘主要分布在宜昌东部，种植在岗地和坡地上段的柑橘能够较好地免受低温和冻害。

从土壤成土母质来看，宜昌柑橘和秭归脐橙主产区主要分布有紫红色砂页岩风化物和钙质红砂岩风化物，前者磷钾含量高，后者钙含量丰富，十分有利于柑橘、脐橙的生长和良好品质的形成。

4.7 土壤环境地球化学综合等级图

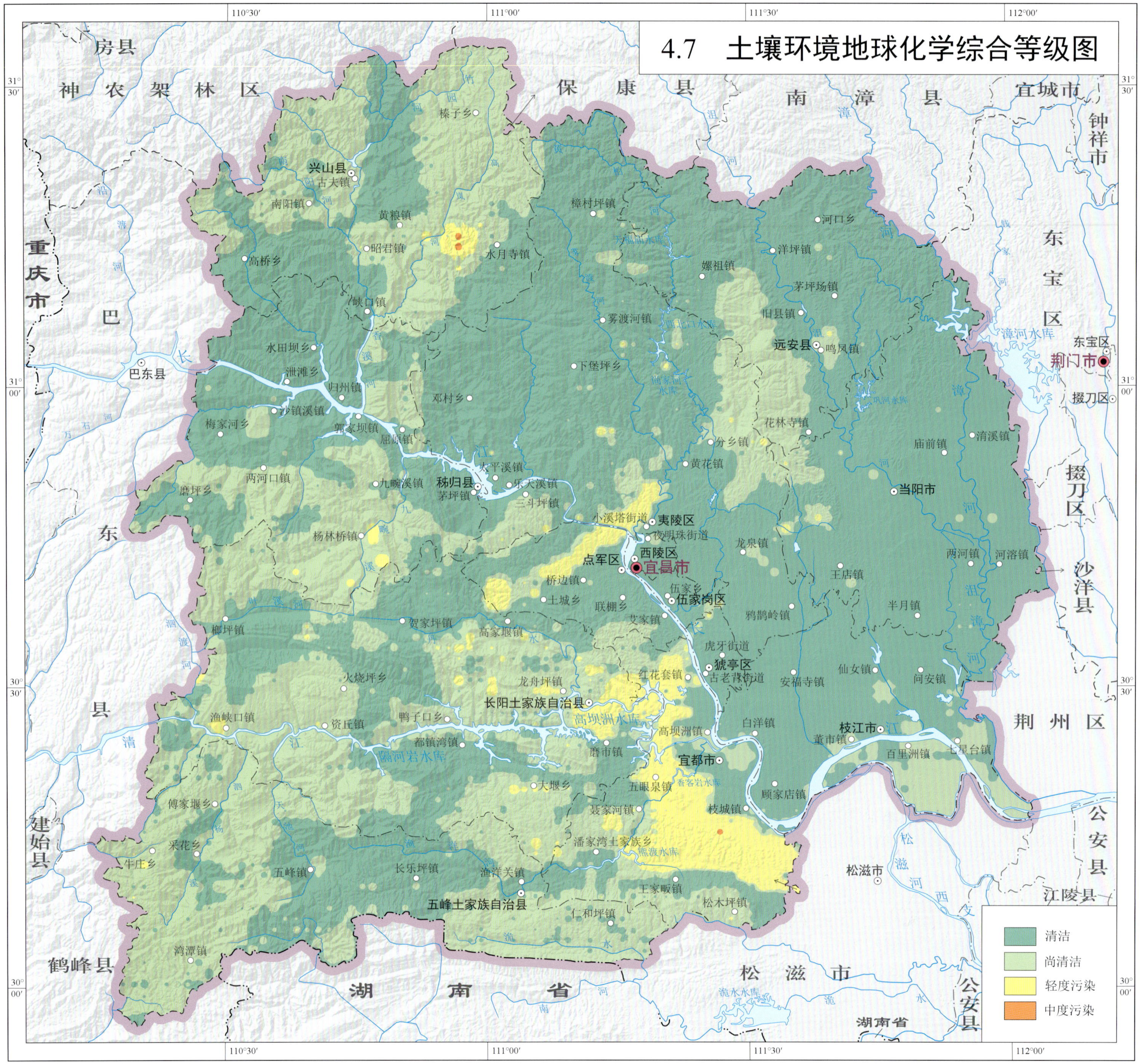

在单指标土壤环境地球化学等级划分的基础上，每个评价单元的土壤环境地球化学综合等级等同于单指标划分出的环境等级最差的等级。如砷、镉和铅划分出的环境地球化学等级分别为清洁、尚清洁、轻度污染时，该综合等级为轻度污染。环境综合等级为清洁的土壤分布最广，面积为12 912.88 km^2，占总面积的60.85%；尚清洁土壤面积为7 434.89 km^2，占总面积的35.04%，主要分布于西部山区；轻度污染土壤面积为869.79 km^2，占总面积的4.10%，主要分布于宜都市中部的五眼泉乡—红花套镇一带，部分在夷陵区—点军区呈条带状分布；中度污染土壤极少，面积仅为3.61 km^2，在区内呈点状分布。

宜昌市土壤环境地球化学综合等级汇总统计表 单位：km^2

县(市、区)	县(市、区)面积	清洁	尚清洁	轻度污染	中度污染
西陵区	76.56	53.06	10.73	12.77	0
伍家岗区	82.73	80.39	2.27	0.06	0
点军区	521.36	359.63	87.28	74.45	0
猇亭区	121.93	108.53	11.47	1.93	0
夷陵区	3 418.71	2 868.66	500.39	49.66	0
远安县	1 742.47	1 427.72	313.85	0.90	0
兴山县	2 317.80	902.32	1 375.16	37.69	2.63
秭归县	2 276.38	1 399.57	861.75	15.06	0
长阳县	3 415.11	1 368.55	1 883.48	163.08	0
五峰县	2 375.77	812.37	1 559.01	4.39	0
宜都市	1 350.00	404.93	438.50	505.59	0.98
当阳市	2 145.75	2 065.48	76.06	4.21	0
枝江市	1 376.61	1 061.67	314.94	0	0
总计	21 221.17	12 912.88	7 434.89	869.79	3.61

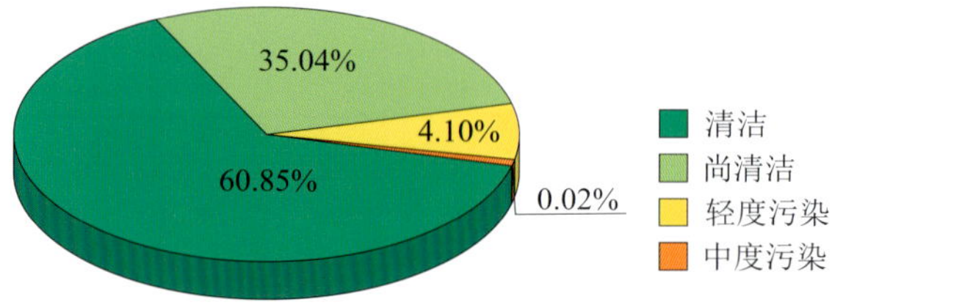

宜昌市土壤环境地球化学综合等级面积占比图

资料来源：1∶20万区域地球化学调查、1∶25万多目标地球化学调查数据整理。

1∶830 000　0　8.3　16.6　24.9 km

4.8 土壤砷（As）元素地球化学等级图

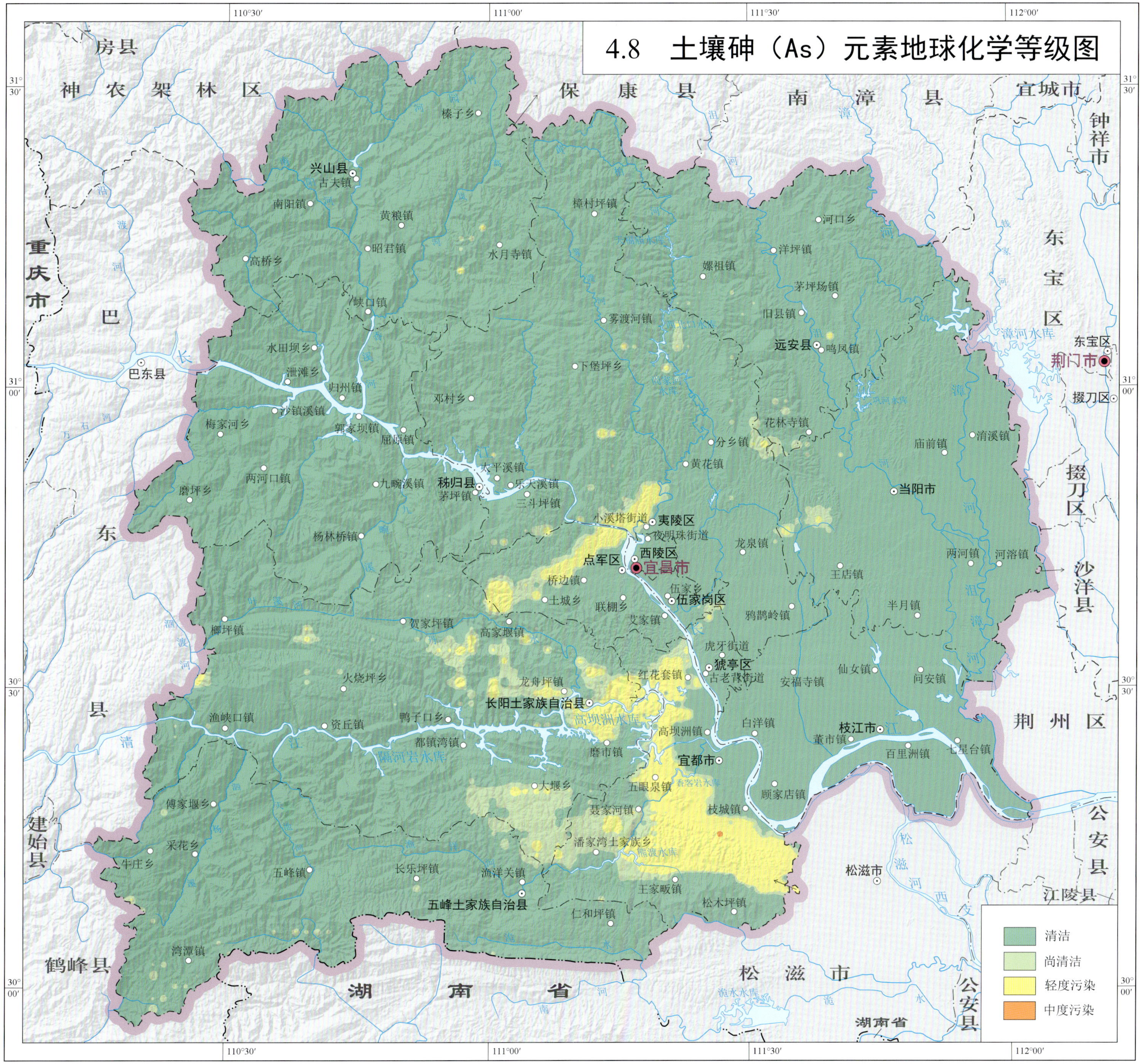

资料来源：1∶20万区域地球化学调查、1∶25万多目标地球化学调查数据整理。

1∶830 000　0　8.3　16.6　24.9 km

以《土壤环境质量　农用地土壤污染风险管控标准（试行）》（GB 15168—2018）中的筛选值和管制值及《土壤环境质量　建设用地土壤污染风险管控标准（试行）》（GB 36600—2018）中第一类用地的筛选值和管制值为阈值，对土壤砷元素进行地球化学评价。砷元素含量小于20 mg/kg的清洁土壤分布最广，面积为19 673.99 km^2，占总面积的92.71%；含量在20～25 mg/kg的尚清洁土壤面积为755.67 km^2，占总面积的3.56%，主要分布于宜都市西南部的潘家湾土家族乡和长阳县东南部的大堰乡；含量在25～120 mg/kg的轻度污染土壤面积为790.59 km^2，占总面积的3.73%，主要分布于宜都市中部的五眼泉乡—红花套镇一带，部分在夷陵区—点军区呈条带状分布；含量大于120 mg/kg的中度污染土壤极少，面积仅为0.92 km^2，在区内零星分布。

宜昌市土壤砷（As）元素等级汇总统计表　单位：km^2

县（市、区）	县（市、区）面积	清洁	尚清洁	轻度污染	中度污染
西陵区	76.56	56.48	7.31	12.77	0
伍家岗区	82.73	80.39	2.27	0.06	0
点军区	521.36	395.81	51.10	74.45	0
猇亭区	121.93	110.98	10.02	0.93	0
夷陵区	3 418.71	3 311.61	68.15	38.96	0
远安县	1 742.47	1 728.25	13.32	0.90	0
兴山县	2 317.80	2 312.34	4.05	1.40	0
秭归县	2 276.37	2 276.37	0.00	0.00	0
长阳县	3 415.11	2 933.42	327.67	154.02	0
五峰县	2 375.77	2 336.33	39.11	0.32	0
宜都市	1 350.00	641.28	204.82	502.98	0.92
当阳市	2 145.74	2 114.11	27.84	3.78	0
枝江市	1 376.61	1 376.61	0	0	0
总计	21 221.17	19 673.99	755.67	790.59	0.92

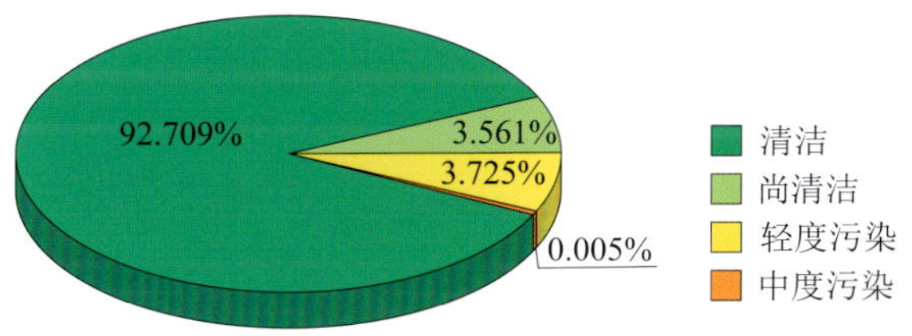

宜昌市土壤砷（As）元素地球化学等级面积占比图

4.9 土壤镉（Cd）元素地球化学等级图

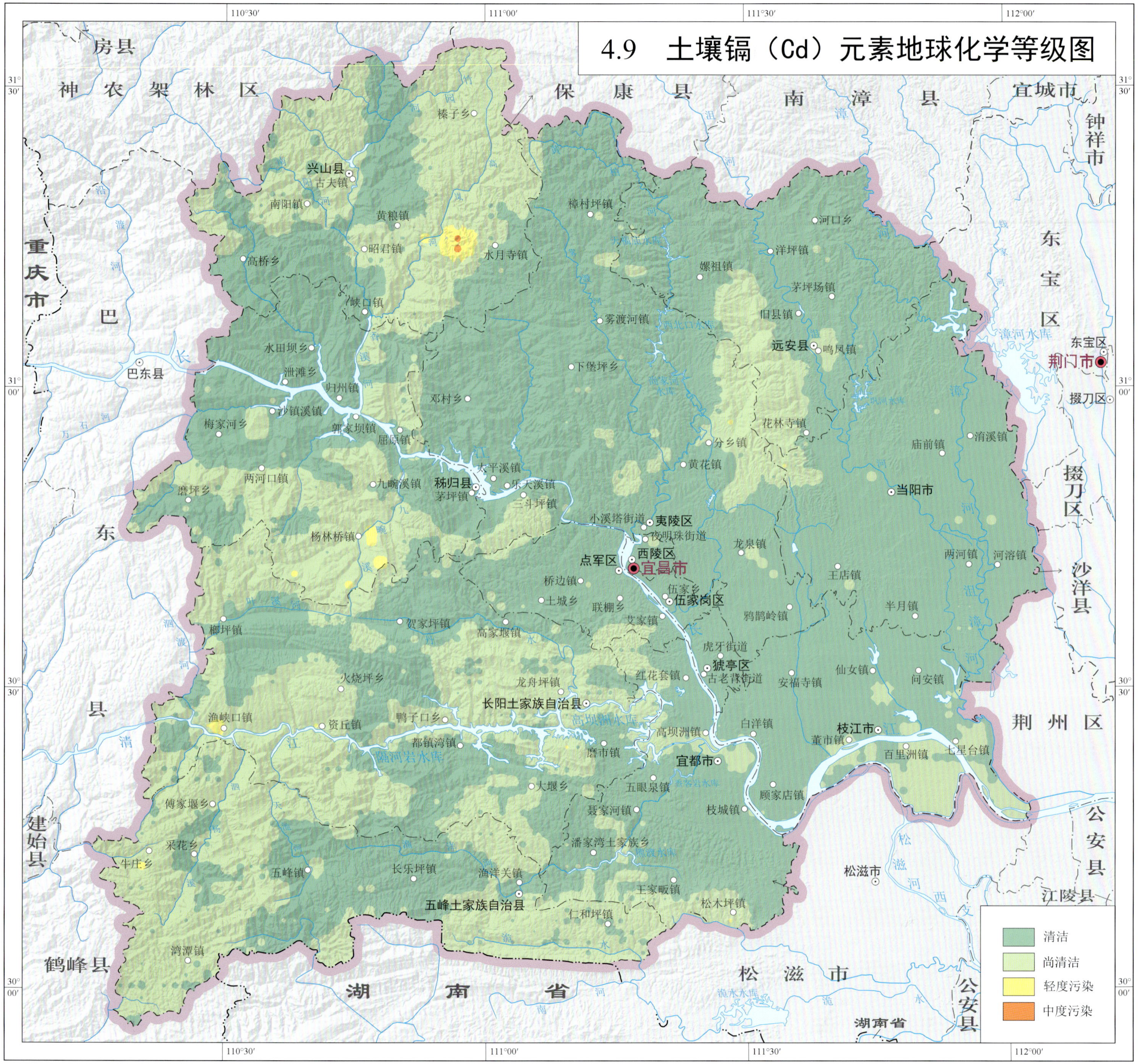

资料来源：1∶20万区域地球化学调查、1∶25万多目标地球化学调查数据整理。

1∶830 000　0　8.3　16.6　24.9 km

以《土壤环境质量　农用地土壤污染风险管控标准（试行）》（GB 15618—2018）中的筛选值和管制值及《土壤环境质量　建设用地土壤污染风险管控标准（试行）》（GB 36600—2018）中第一类用地的筛选值和管制值为阈值，对土壤镉元素进行地球化学评价。镉元素含量小于0.3 mg/kg的清洁土壤分布最广，面积为14 013.00 km²，占总面积的66.03%；含量在0.3～3 mg/kg的尚清洁土壤面积为7 141.56 km²，占总面积的33.65%，主要分布于西部山区；含量在3～20 mg/kg的轻度污染土壤面积为63.98 km²，占总面积的0.30%，在区内零星分布；含量大于20 mg/kg的中度污染土壤极少，面积仅为2.63 km²，在区内点状分布。

宜昌市土壤镉（Cd）元素等级汇总统计表　单位：km²

县（市、区）	县（市、区）面积	清洁	尚清洁	轻度污染	中度污染
西陵区	76.56	73.15	3.42	0	0
伍家岗区	82.73	82.73	0	0	0
点军区	521.36	479.87	41.50	0	0
猇亭区	121.93	121.93	0	0	0
夷陵区	3 418.71	2 987.98	430.03	0.71	0
远安县	1 742.47	1 428.95	313.52	0	0
兴山县	2 317.80	902.32	1 376.56	36.29	2.63
秭归县	2 276.37	1 399.57	861.75	15.06	0
长阳县	3 415.11	1 534.81	1 871.25	9.06	0
五峰县	2 375.77	824.63	1 549.06	2.08	0
宜都市	1 350.00	1 022.63	327.01	0.37	0
当阳市	2 145.74	2 092.78	52.54	0.42	0
枝江市	1 376.61	1 061.67	314.94	0.00	0
总计	21 221.17	14 013.00	7 141.56	63.98	2.63

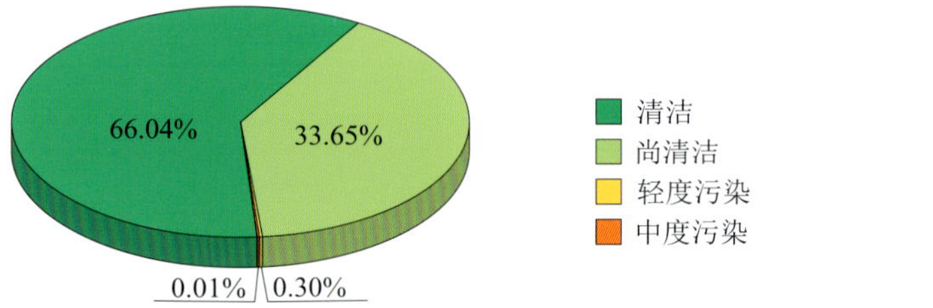

宜昌市土壤镉（Cd）元素地球化学等级面积占比图

4.10　土壤铅（Pb）元素地球化学等级图

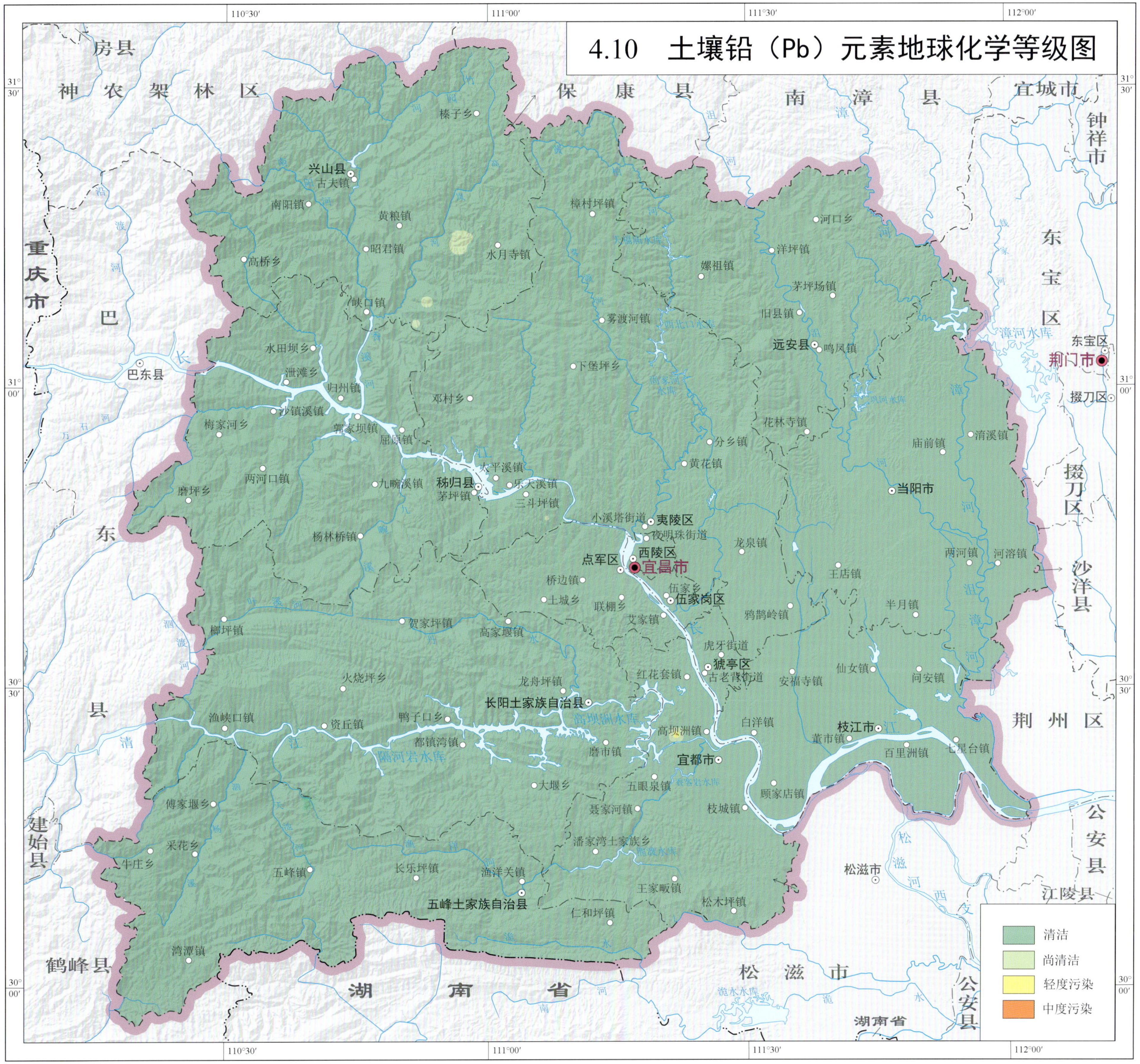

资料来源：1∶20万区域地球化学调查、1∶25万多目标地球化学调查数据整理。

1∶830 000　0　8.3　16.6　24.9 km

以《土壤环境质量　农用地土壤污染风险管控标准（试行）》（GB 15618—2018）中的筛选值和管制值及《土壤环境质量　建设用地土壤污染风险管控标准（试行）》（GB 36600—2018）中第一类用地的筛选值和管制值为阈值，对土壤铅元素进行地球化学评价。铅元素含量小于120 mg/kg的清洁土壤分布极广，面积为21 194.90 km²，占总面积的99.88%；含量在120～400 mg/kg的尚清洁土壤面积为24.97 km²，占总面积的0.12%，主要分布于兴山县的水月寺镇附近；含量在400～700 mg/kg的轻度污染土壤极少，面积仅为1.24 km²，在区内零星分布；含量大于700 mg/kg的中度污染土壤极少，面积仅为0.06 km²，在区内呈点状分布。

宜昌市土壤铅（Pb）元素等级汇总统计表　单位：km²

县（市、区）	县（市、区）面积	清洁	尚清洁	轻度污染	中度污染
西陵区	76.56	76.56	0	0	0
伍家岗区	82.73	82.73	0	0	0
点军区	521.36	521.36	0	0	0
猇亭区	121.93	121.93	0	0	0
夷陵区	3 418.71	3 418.21	0.50	0	0
远安县	1 742.47	1 742.47	0	0	0
兴山县	2 317.80	2 298.45	19.35	0	0
秭归县	2 276.37	2 276.37	0	0	0
长阳县	3 415.11	3 415.00	0.12	0	0
五峰县	2 375.77	2 375.77	0	0	0
宜都市	1 350.00	1 343.70	5.01	1.24	0.06
当阳市	2 145.74	2 145.74	0	0	0
枝江市	1 376.61	1 376.61	0	0	0
总计	21 221.17	21 194.90	24.97	1.24	0.06

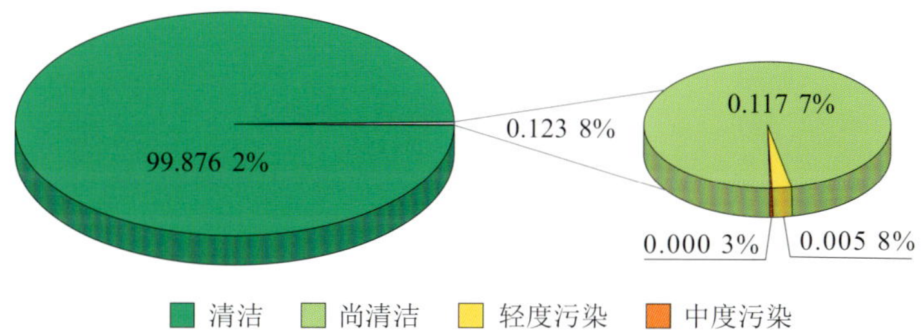

宜昌市土壤铅（Pb）元素地球化学等级面积占比图

4.11 土壤磷（P）元素地球化学等级图

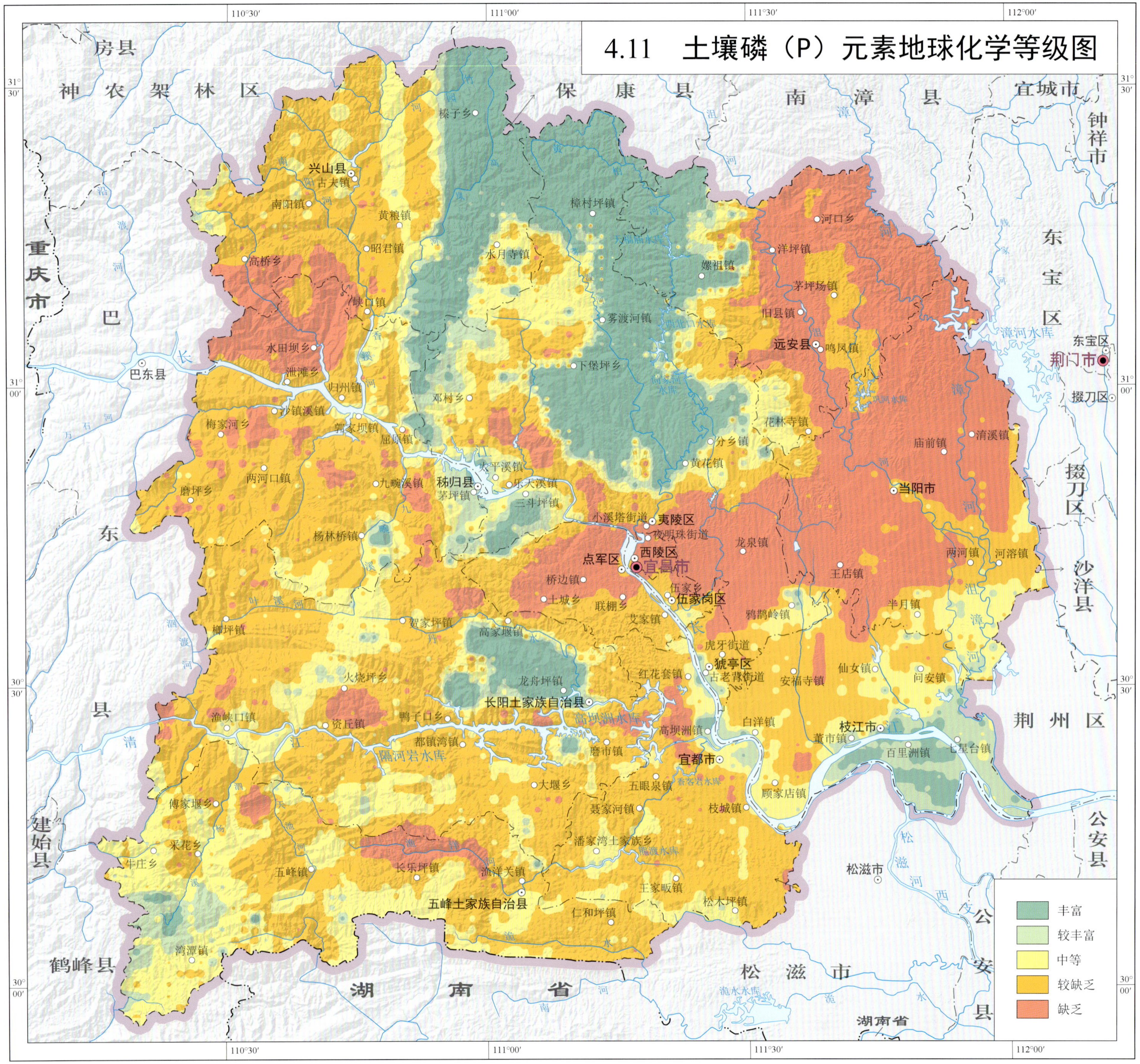

资料来源：1∶20万区域地球化学调查、1∶25万多目标地球化学调查数据整理。

1∶830 000　0　8.3　16.6　24.9 km

以《土地质量地球化学评价规范》（DZ/T 0295—2016）中的标准值作为阈值，对土壤磷元素进行地球化学评价。宜昌市磷养分缺乏，磷元素含量大于1000 mg/kg的丰富土壤较少，面积为2 712.97 km^2，占总面积的12.78%，主要分布于夷陵区北部和兴山县东部；含量在800～1000 mg/kg的较丰富土壤最少，面积为1 223.38 km^2，占总面积的5.76%，主要分布于枝江市东南部的百里洲镇和七星台镇；含量在600～800 mg/kg的中等土壤面积为3 926.71 km^2，占总面积的18.51%，在区内零散分布；含量在400～600 mg/kg的较缺乏土壤面积为8 976.76 km^2，占总面积的42.30%，在区内大面积分布；含量小于400 mg/kg的缺乏土壤面积为4 381.35 km^2，占总面积的20.65%，主要分布于远安县—当阳市西北部，夷陵区东南部，西陵区—点军区一带。

宜昌市土壤磷（P）元素等级汇总统计表　单位：km^2

县（市、区）	县（市、区）面积	丰富	较丰富	中等	较缺乏	缺乏
西陵区	76.56	0	0	0	14.03	62.53
伍家岗区	82.72	0	0.55	8.96	43.63	29.58
点军区	521.36	1.50	1.61	13.95	264.09	240.21
猇亭区	121.93	1.40	12.11	18.18	70.65	19.59
夷陵区	3 418.71	1 254.50	314.55	598.82	688.02	562.82
远安县	1 742.47	327.00	54.81	130.44	368.96	861.26
兴山县	2 317.80	640.50	105.82	420.24	979.48	171.76
秭归县	2 276.38	60.10	102.39	268.66	1 411.57	433.66
长阳县	3 415.11	229.35	100.74	706.22	2 170.22	208.58
五峰县	2 375.77	36.60	167.22	956.44	1 056.30	159.21
宜都市	1 350.00	16.10	49.92	263.79	942.53	77.66
当阳市	2 145.75	0.39	20.97	214.69	410.34	1 499.36
枝江市	1 376.61	145.53	292.69	326.32	556.94	55.13
总计	21 221.17	2 712.97	1 223.38	3 926.71	8 976.76	4 381.35

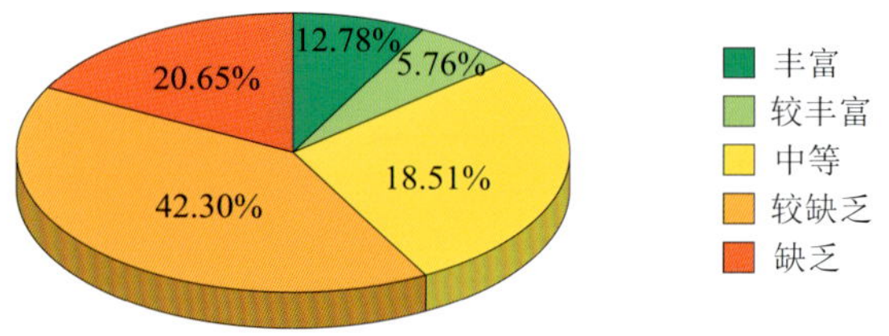

宜昌市土壤磷（P）元素地球化学等级面积占比图

4.12 土壤富硒资源分布图

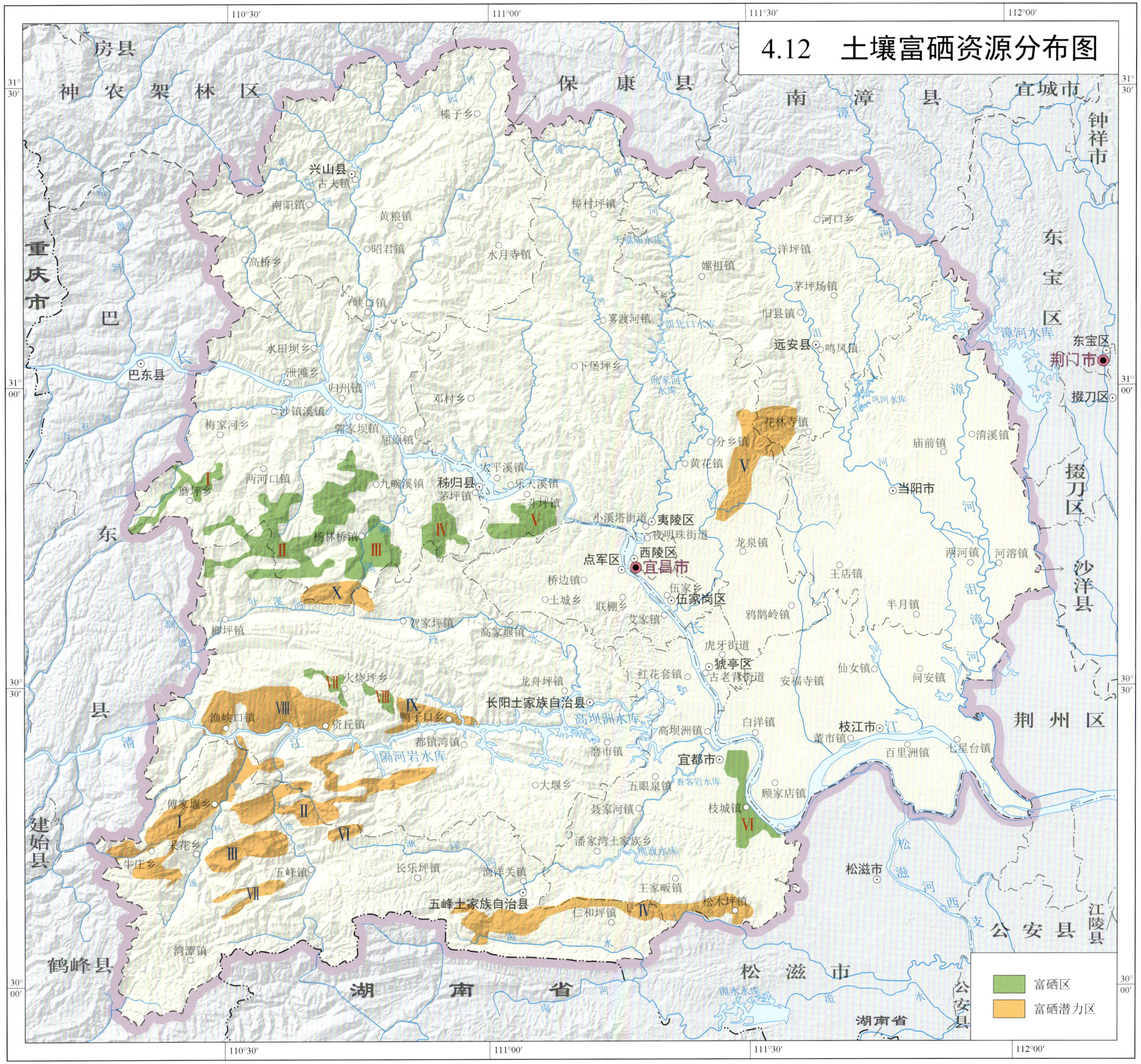

资料来源：1∶25万多目标地球化学调查。

1∶830 000　0　8.3　16.6　24.9 km

根据湖北省1∶25万多目标地球化学数据及宜昌资源环境承载能力特色农业区土壤调查数据，共圈定宜昌市富硒土壤区8处，富硒土壤总面积为523.06 km²，其中宜都市富硒区与河流冲积相及人为活动有关；其他7处富硒区与地层中富硒岩层密切相关，具有富硒农产品开发潜力。根据土壤母岩特性，圈定富硒潜力区10处，面积共计991.03 km²。

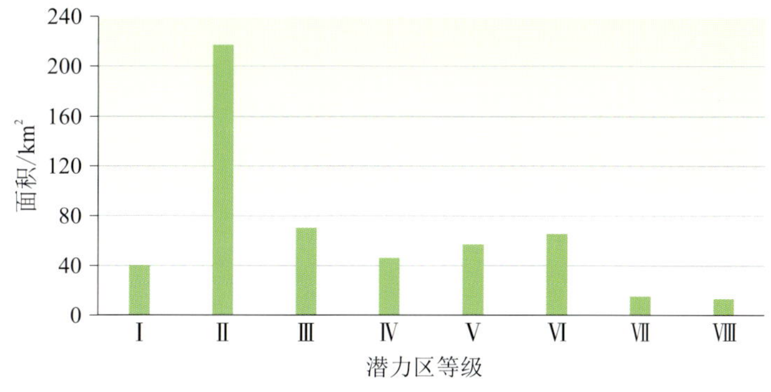

宜昌市土壤富硒区面积统计图

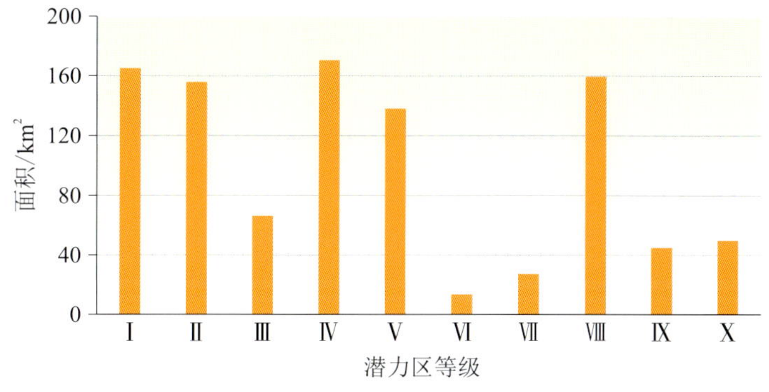

宜昌市土壤富硒潜力区面积统计图

5 地质灾害

5.1 地质灾害分布图

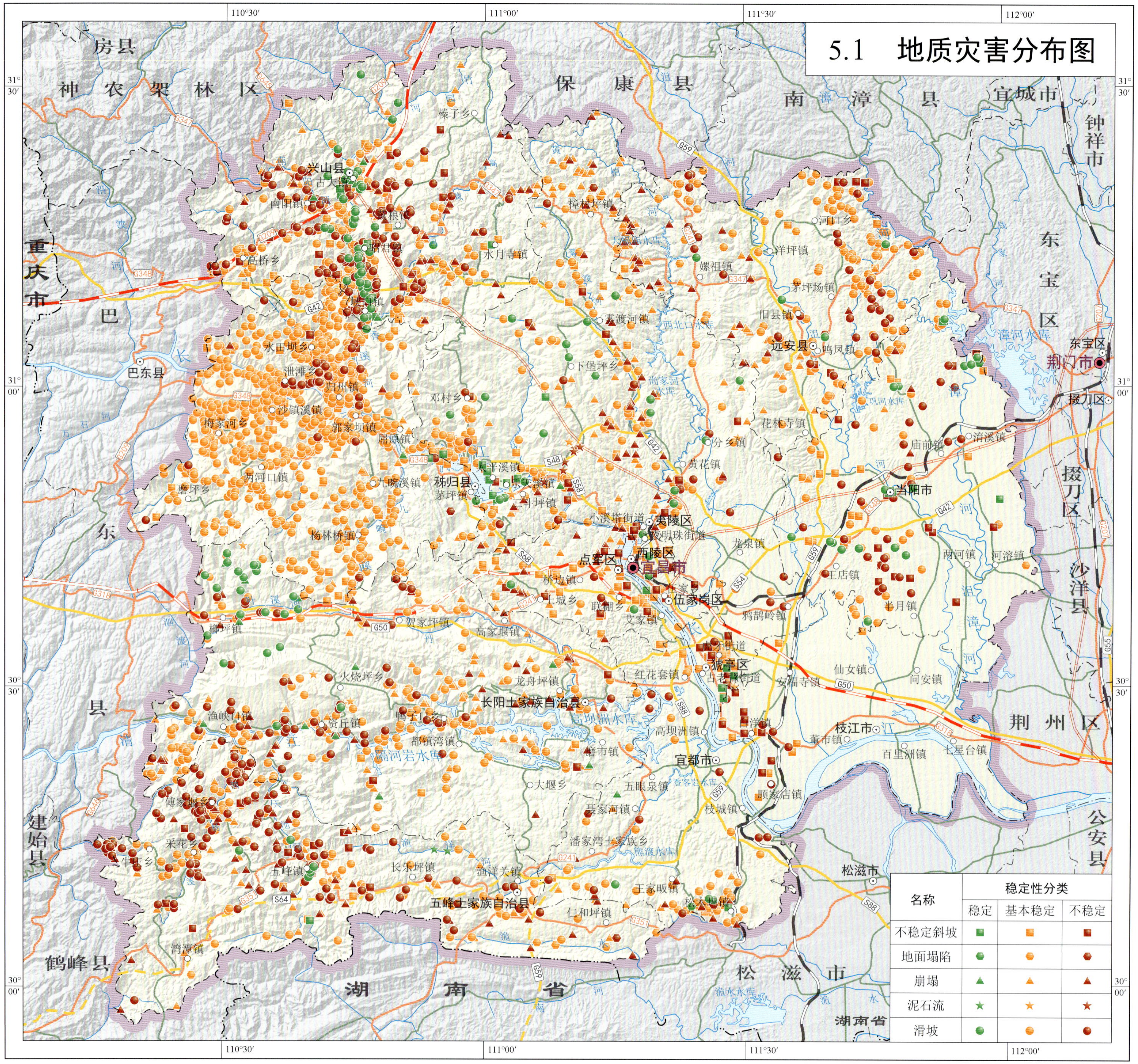

资料来源：根据宜昌市地质灾害防治“十三五”规划整编。

截至2019年底，宜昌市共有各类地质灾害点3019处，其中滑坡1839处、崩塌597处、不稳定斜坡492处（含不稳定库岸23段，长3.24 km）、地面塌陷59处、泥石流32处，灾害体总体积约30.9亿m^3，受威胁总人数约13.4万人，预估经济损失达65亿元。

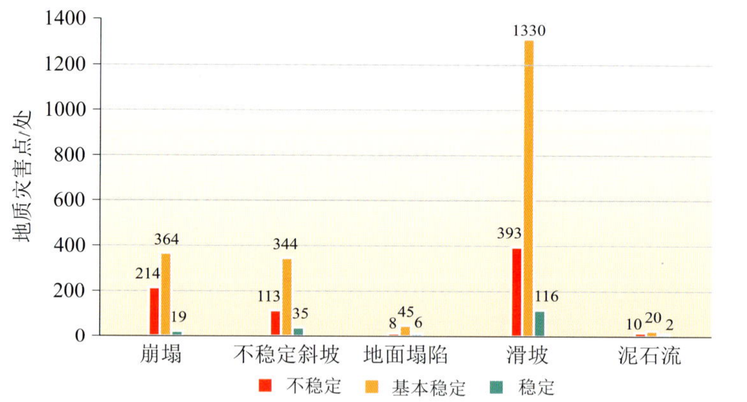

宜昌市地质灾害现状性稳定性统计图

地质灾害稳定性统计结果汇总表

县（市、区）	崩塌/处			不稳定斜坡/处			地面塌陷/处			滑坡/处			泥石流/处			总计/处
	不稳定	基本稳定	稳定	不稳定	基本稳定	稳定	不稳定	基本稳定	稳定	不稳定	基本稳定	稳定	不稳定	基本稳定	稳定	
当阳市	3	3	—	14	19	6	—	2	3	27	40	13	—	—	—	130
点军区	14	36	—	9	36	1	—	—	—	2	6	2	—	—	—	106
高新区	—	—	—	10	11	1	—	—	—	5	1	—	—	—	—	28
五峰县	43	42	—	19	8	1	2	7	—	119	85	6	—	—	2	334
伍家岗区	—	—	—	2	2	—	—	—	—	—	1	—	—	—	—	5
西陵区	3	—	—	2	12	—	—	—	—	—	—	2	—	—	—	19
猇亭区	—	—	—	9	42	6	—	—	—	1	1	—	—	2	—	61
兴山县	40	46	4	21	53	8	1	1	—	103	183	48	1	—	—	509
夷陵区	40	81	1	15	35	10	1	9	1	14	114	18	8	11	—	358
宜都市	10	19	2	—	10	1	2	9	2	9	26	2	—	—	—	92
远安县	24	34	—	7	10	—	1	4	—	30	112	4	1	1	—	228
长阳县	34	62	11	3	7	—	—	6	—	54	147	21	—	6	—	351
枝江市	—	—	—	—	3	—	—	—	—	—	—	—	—	—	—	3
秭归县	3	41	1	2	96	1	1	7	—	29	614	—	—	—	—	795

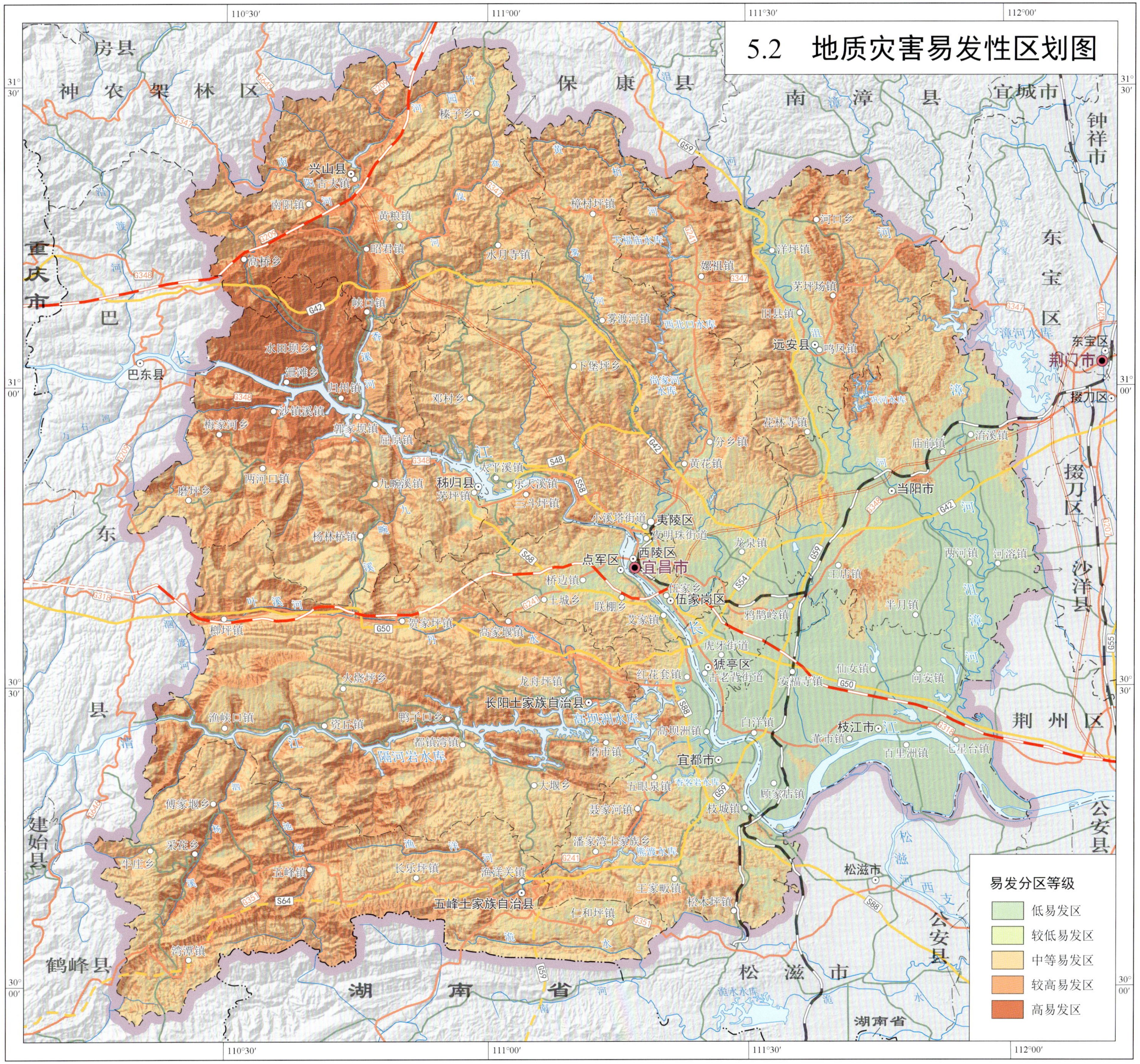

资料来源：根据宜昌市地质灾害防治“十三五”规划整编。

从地质灾害所处的基础地质环境影响因素及主要人类工程活动影响因素中提取与灾害发育相关性较大的因子，构建易发性评价指标体系，最终选择地层岩组、斜坡结构、断层、道路、水系、坡度、坡向、起伏度8个因素作为评价因子，采用信息量法计算各因子对灾害发生的贡献及各评价单元的易发性，根据栅格信息量及滑坡单元所占百分比的分布规律，采用自然断点法将地质灾害易发性结果划分为5个等级：低易发区、较低易发区、中易发区、较高易发区和高易发区。结果表明，高易发区及较高易发区主要分布在秭归县水田坝乡—泄滩乡—两河口镇一带、兴山县西部地区、五峰县采花乡—红鱼坪乡沿线等地形变化较大的高陡斜坡地带；较低易发区和中等易发区主要分布在宜昌市南部宜都市境内、夷陵区内中部及南部等地势相对平坦的低山丘陵地区；低易发区主要分布在区内东部—东南部的当阳市、枝江市等平原地带。

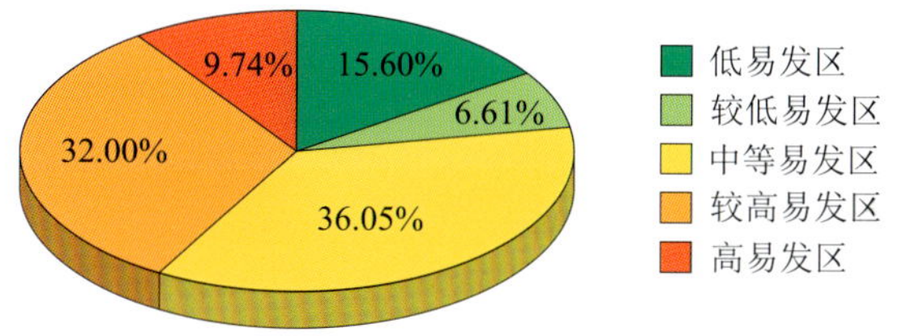

地质灾害易发性分区面积占比图

地质灾害易发性区划结果汇总表

县（市、区）	低易发区	较低易发区	中易发区	较高易发区	高易发区	合计面积/km²
	面积/km²	面积/km²	面积/km²	面积/km²	面积/km²	
	比例/%	比例/%	比例/%	比例/%	比例/%	
兴山县	3.39	45.79	752.05	1 125.82	366.09	2 293.14
	0.15	2.00	32.80	49.09	15.96	
宜昌市	528.54	435.79	1 884.49	1 327.75	82.71	4 259.29
	12.41	10.23	44.24	31.17	1.94	
远安县	117.61	159.73	789.60	614.48	170.81	1 852.23
	6.35	8.62	42.63	33.18	9.22	
秭归县	21.83	53.96	619.43	856.26	741.79	2 293.26
	0.95	2.35	27.01	37.34	32.35	
当阳市	1 095.53	233.18	470.72	144.21	43.04	1 986.68
	55.14	11.74	23.69	7.26	2.17	
长阳县	20.30	148.27	1 431.90	1 464.62	354.46	3 419.55
	0.59	4.34	41.87	42.83	10.37	
枝江市	1 262.83	50.79	28.44	3.08	1.04	1 346.19
	93.81	3.77	2.11	0.23	0.08	
宜都市	246.24	177.17	611.73	285.63	37.05	1 357.65
	18.14	13.05	45.05	21.04	2.73	
五峰县	10.36	95.72	1 052.99	961.82	267.33	2 388.22
	0.43	4.01	44.09	40.27	11.19	
总计	3 306.64	1 400.40	7 641.37	6 783.67	2 064.32	21 196.40
	15.60	6.61	36.05	32.00	9.74	

5.3 地质灾害危险性区划图

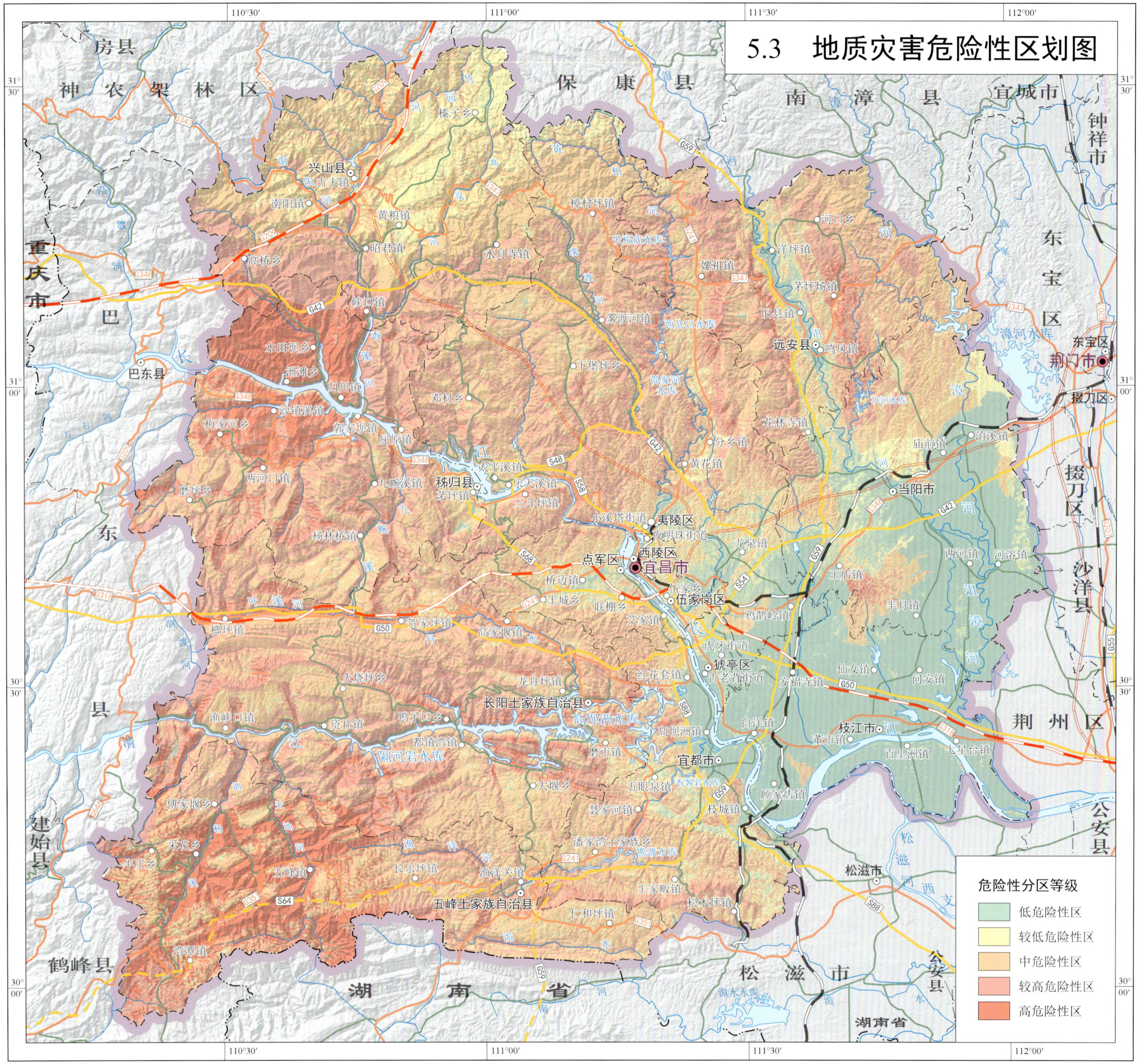

资料来源：根据宜昌市地质灾害防治“十三五”规划整编。

1∶830 000　0　8.3　16.6　24.9 km

地质灾害危险性是指在某种诱发因素作用下，一定区域内某一时间段发生特定规模和类型地质灾害的概率。降水是宜昌市地质灾害的主要诱发因素，根据宜昌市域范围内各气象站30年降雨数据，对各站点多年平均降雨量进行插值，得到降雨等值线图，作为滑坡区域危险性评价的时间概率指标。将降雨评价分级结果与易发性进行叠加，得到危险性，采用自然断点法将地质灾害危险性结果划分为5个等级：低危险性区、较低危险性区、中危险性区、较高危险性区和高危险性区。结果表明，低危险性区主要分布在区内当阳市、枝江市等平原地带以及远安县洋坪镇　旧县镇　鸣凤镇一带、兴山县北部和东北部等区域；较低危险性区和中等危险性区广泛分布在区内远安—秭归一带、宜都市西南部、五峰县东部和长阳县南部等地势相对平坦的低山丘陵地区；高危险性区及较高危险性区主要分布在秭归县水田坝乡—泄滩乡—两河口镇一带、兴山县南部高桥乡、普安乡、五峰县采红鱼坪乡—花乡—湾潭镇以及清江流域两岸等地形变化较大的高陡斜坡地带。

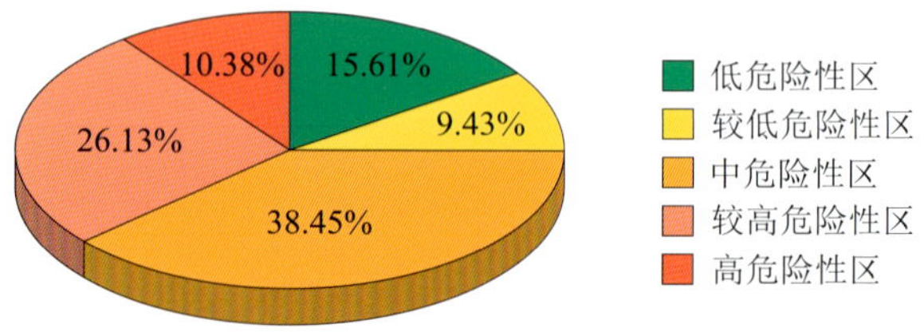

地质灾害危险性分区面积占比图

地质灾害危险性区划结果汇总表

县（市、区）	低危险性区	较低危险性区	中危险性区	较高危险性区	高危险性区	合计面积 /km²
	面积 /km²	面积 /km²	面积 /km²	面积 /km²	面积 /km²	
	比例 /%	比例 /%	比例 /%	比例 /%	比例 /%	
兴山县	3.39	537.77	1 159.97	544.34	47.13	2 292.60
	0.15	23.46	50.60	23.74	2.06	
宜昌市	528.54	471.65	1 999.12	1 200.39	59.44	4 259.15
	12.41	11.07	46.94	28.18	1.40	
远安县	117.61	159.74	855.74	638.52	80.32	1 851.94
	6.35	8.63	46.21	34.48	4.34	
秭归县	21.83	53.96	620.48	918.23	678.43	2 292.93
	0.95	2.35	27.06	40.05	29.59	
当阳市	1 095.53	303.85	470.97	106.40	9.55	1 986.31
	55.15	15.30	23.71	5.36	0.48	
长阳县	20.30	148.27	1 431.73	1 431.69	387.34	3 419.34
	0.59	4.34	41.87	41.87	11.33	
枝江市	1 262.83	50.57	28.29	3.08	1.04	1 345.82
	93.83	3.76	2.10	0.23	0.08	
宜都市	246.24	177.16	611.65	285.59	37.01	1 357.65
	18.14	13.05	45.05	21.04	2.73	
五峰县	10.36	95.72	971.77	409.64	899.93	2 387.43
	0.43	4.01	40.70	17.16	37.69	
总计	3 306.64	1 998.71	8 149.72	5 537.89	2 200.20	21 193.16
	15.60	9.43	38.45	26.13	10.38	

5.4 地质灾害易损性区划图

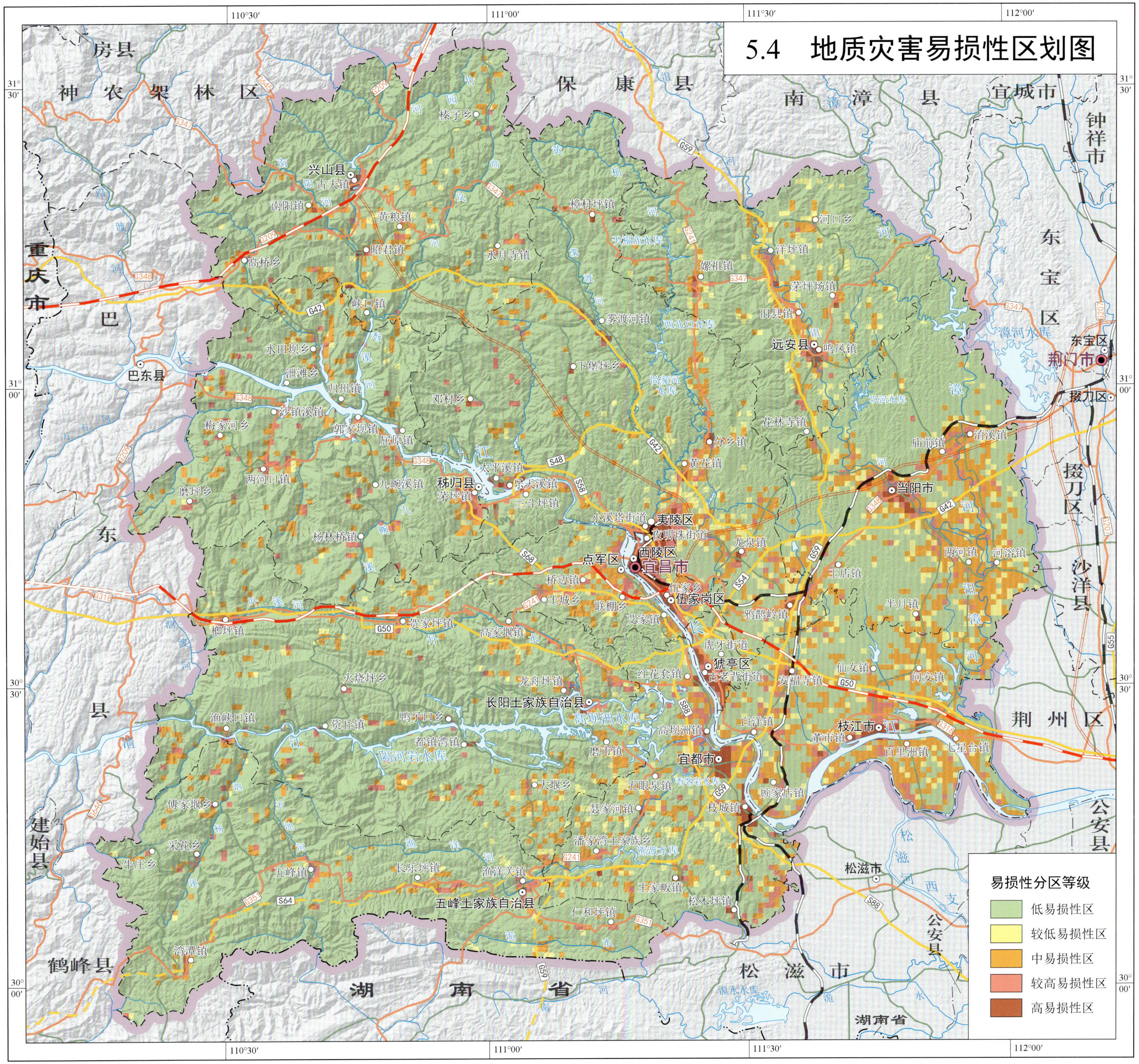

资料来源：根据宜昌市地质灾害防治“十三五”规划整编。

1 : 830 000　0　8.3　16.6　24.9 km

易损性为暴露于危险之中的某一特定对象的潜在损失程度，是承灾体在面对特定强度滑坡灾害时抗灾能力的度量，为滑坡强度和抗灾能力的函数。结合宜昌市承灾体数据，采用定性—半定量的方式分别计算经济易损性和人员伤亡易损性，最后采用叠加的方法计算得到宜昌市综合易损性分布图。根据自然断点法将地质灾害承灾体易损性结果划分为5个等级：低易损性区、较低易损性区、中易损性区、较高易损性区和高易损性区。需要说明的是，建筑物经济价值和人口数量为静态数据，本研究参考了2017年宜昌市人口普查数据，没有考虑未来城市建设和经济发展引起的数据变化。结果表明，宜昌市全域大多处于低易损性区；较低易损性区和中易损性区域主要分布在东部、东南部平原区；高易损性区及较高易损性区主要分布在长江两岸经济建设发达的地区。

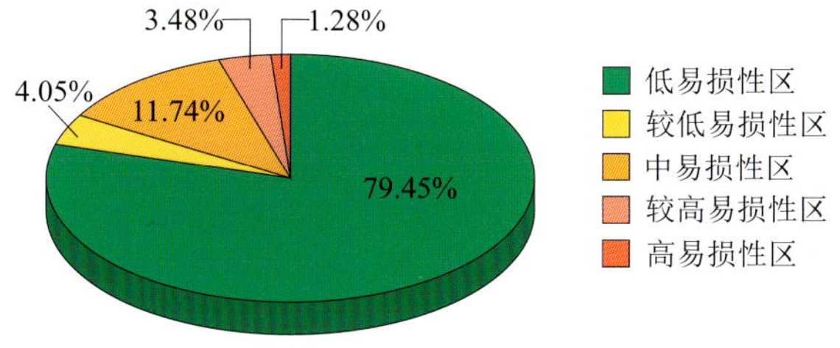

地质灾害易损性分区面积占比图

地质灾害易损性区划结果汇总表

县（市、区）	低易损性区	较低易损性区	中易损性区	较高易损性区	高易损性区	合计面积 / km²
	面积 /km²	面积 /km²	面积 /km²	面积 /km²	面积 /km²	
	比例 /%	比例 /%	比例 /%	比例 /%	比例 /%	
兴山县	2 080.67	38.82	135.53	29.53	8.05	2 292.60
	90.76	1.69	5.91	1.29	0.35	
宜昌市	3 344.87	166.80	434.32	172.73	140.42	4 259.15
	78.53	3.92	10.20	4.06	3.30	
远安县	1 539.82	117.42	146.82	35.91	11.97	1 851.94
	83.15	6.34	7.93	1.94	0.65	
秭归县	1 965.50	32.94	200.99	88.39	5.11	2 292.93
	85.72	1.44	8.77	3.85	0.22	
当阳市	1 224.25	180.14	481.33	80.47	20.11	1 986.31
	61.63	9.07	24.23	4.05	1.01	
长阳县	2 976.76	72.52	279.94	85.09	5.02	3 419.34
	87.06	2.12	8.19	2.49	0.15	
枝江市	610.85	119.13	471.57	116.67	27.60	1 345.82
	45.39	8.85	35.04	8.67	2.05	
宜都市	901.59	95.56	227.93	79.73	52.84	1 357.65
	66.41	7.04	16.79	5.87	3.89	
五峰县	2 193.27	35.03	110.01	48.13	0.98	2 387.43
	91.87	1.47	4.61	2.02	0.04	
总计	16 837.59	858.34	2 488.46	736.67	272.11	21 193.16
	79.45	4.05	11.74	3.48	1.28	

5.5 地质灾害风险区划图

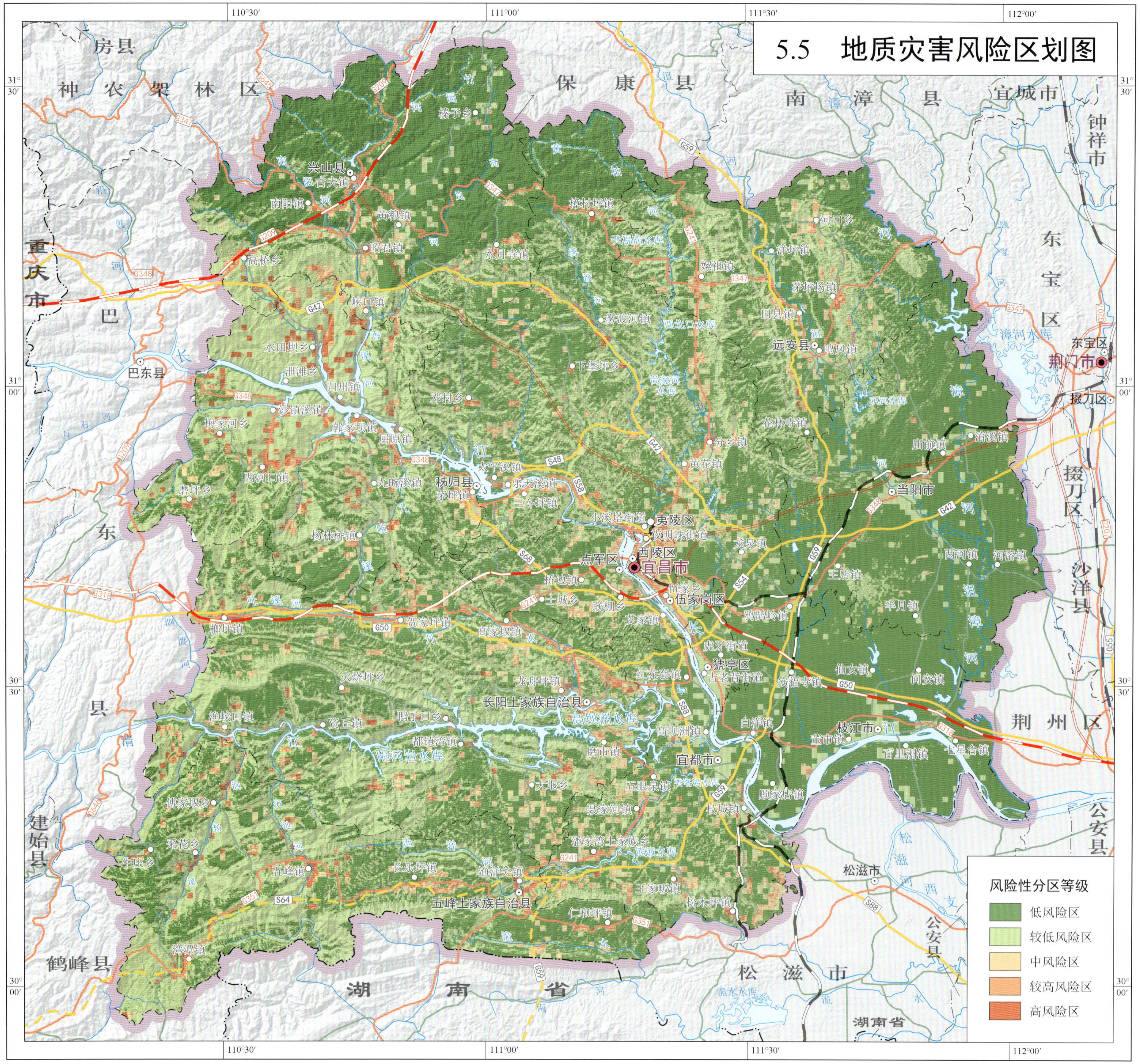

地质灾害风险为生命、财产可能遭受的不利影响严重程度的大小。通过叠加地质灾害危险性、易损性评价成果，采用半定量的方式分别计算经济风险和人员伤亡风险，最后采用叠加的方法计算得到宜昌市综合风险分布图。根据自然断点法将地质灾害风险结果划分为5个等级：低风险区、较低风险区、中风险区、较高风险区和高风险区。结果表明，宜昌市全域地质灾害风险等级大多为低风险和较低风险，相应的人员伤亡及经济损失约为52人/km^2、190人/km^2和595万元/km^2、2211万元/km^2；中风险区域主要分布在夷陵区黄花镇—分乡镇和远安县嫘祖镇一带、宜都市西部和长阳县大堰乡以及五峰县东部等区域，其人员伤亡和经济损失约为546人/km^2、4390万元/km^2；高风险区和较高风险区主要零星分布在兴山县、秭归县以及五峰县境内，对应的人员伤亡及经济损失约为1408人/km^2、2025人/km^2和12 100万元/km^2、14 430万元/km^2。

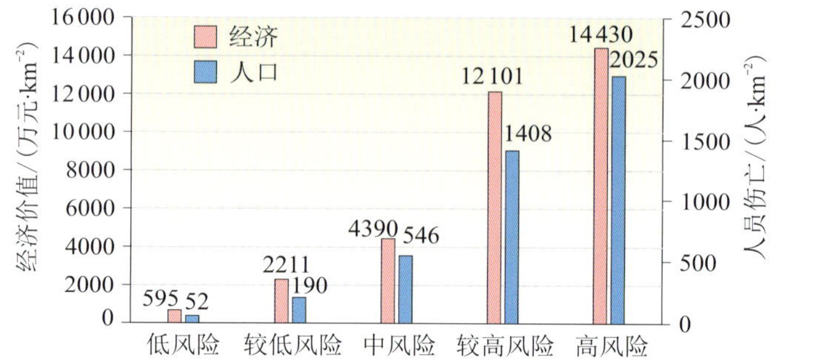

宜昌市地质灾害经济风险及人员风险统计图

地质灾害风险区划结果汇总表

县（市、区）	低风险区	较低风险区	中风险区	较高风险区	高风险区	合计面积/km^2
	面积/km^2 比例/%	面积/km^2 比例/%	面积/km^2 比例/%	面积/km^2 比例/%	面积/km^2 比例/%	
兴山县	1 567.41	583.09	62.29	52.64	27.16	2 292.60
	68.37	25.43	2.72	2.30	1.18	
宜昌市	2 378.87	1 460.62	217.42	148.16	54.08	4 259.15
	55.85	34.29	5.10	3.48	1.27	
远安县	935.64	780.27	87.17	40.30	8.56	1 851.94
	50.52	42.13	4.71	2.18	0.46	
秭归县	593.79	1 396.13	67.94	102.17	132.91	2 292.93
	25.90	60.89	2.96	4.46	5.80	
当阳市	1 685.58	270.13	24.10	6.13	0.38	1 986.31
	84.86	13.60	1.21	0.31	0.02	
长阳县	1 347.17	1 700.61	168.26	142.58	60.71	3 419.34
	39.40	49.74	4.92	4.17	1.78	
枝江市	1 172.10	159.83	9.42	3.95	0.51	1 345.82
	87.09	11.88	0.70	0.29	0.04	
宜都市	721.79	442.91	115.96	56.85	20.15	1 357.65
	53.16	32.62	8.54	4.19	1.48	
五峰县	977.77	1 244.30	61.31	48.18	55.86	2 387.43
	40.96	52.12	2.57	2.02	2.34	
总计	11 380.12	8 037.89	813.87	600.96	360.33	21 193.16
	53.70	37.93	3.84	2.84	1.70	

资料来源：根据宜昌市地质灾害防治“十三五”规划整编。

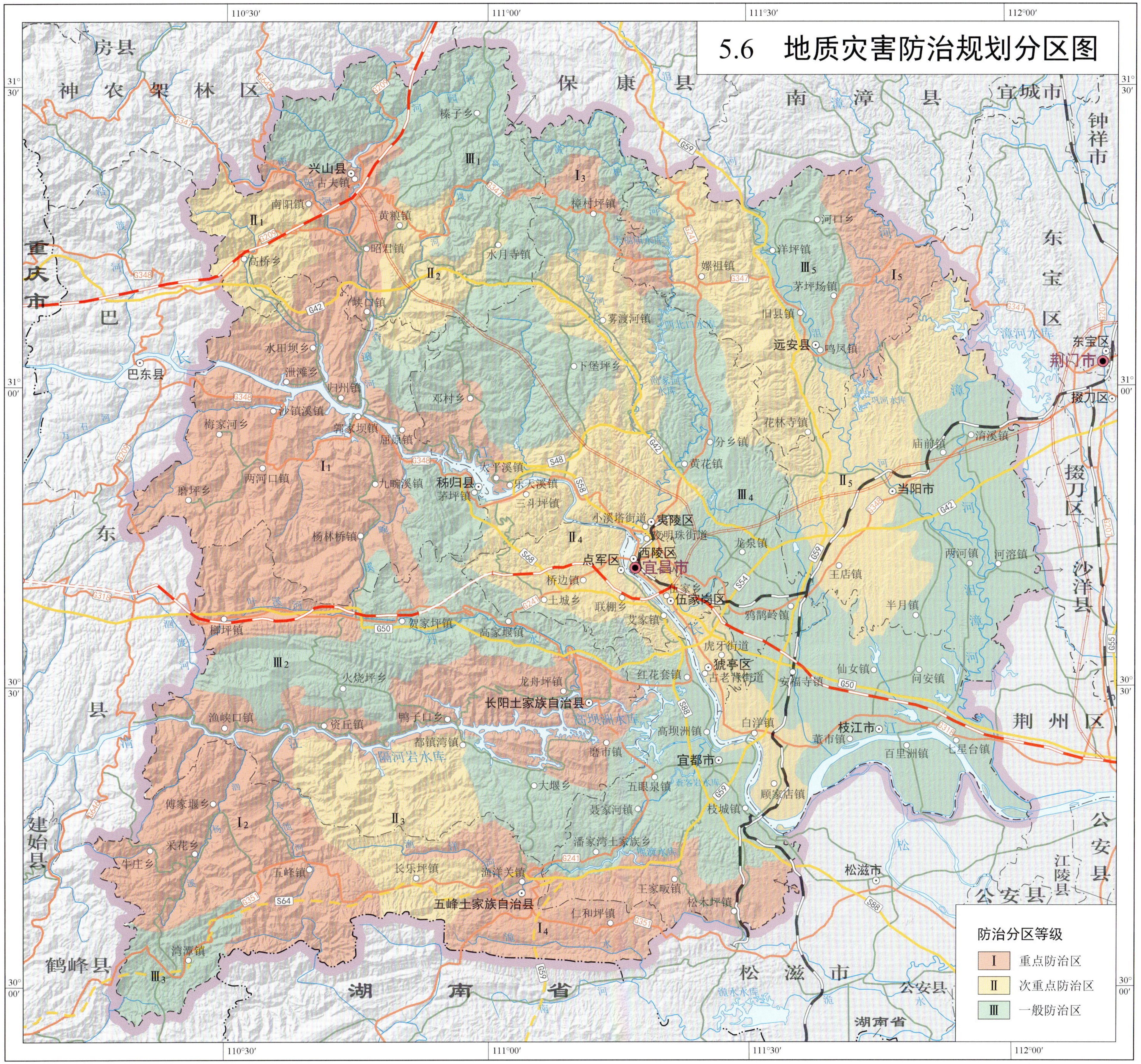

资料来源：根据宜昌市地质灾害防治“十三五”规划整编。

1 : 830 000　0　8.3　16.6　24.9 km

依据宜昌市地质灾害发育特征，遵循地质环境条件基本相似、地质灾害类型基本相近、集中连片的原则，与人口密度、经济结构、重大工程相适应的原则，结合经济与社会发展规划进行地质灾害防治分区，将宜昌市分为15个防治区，其中重点防治区5个、次重点防治区5个和一般防治区5个。

地质灾害防治分区表

区名称及代号	亚区名称及代号	面积 /km^2	主要防治灾害类型	防治建议
重点防治区（Ⅰ）	三峡库区、长榔河沿线重点防治区（$Ⅰ_1$）	2 886.31	滑坡、崩塌、塌岸	加强对灾害体的监测，对威胁城镇、景区、公路、移民集中居住区等地质灾害点优先进行工程治理
	清江库区、泗洋河流域重点防治区（$Ⅰ_2$）	2 389.72	滑坡、崩塌	加强对灾害体的监测，优先对威胁集镇、旅游航道的滑坡、库岸进行治理
	宜昌北部磷矿区重点防治区（$Ⅰ_3$）	164.64	崩塌、采空塌陷	对矿产资源的合理开发利用和加强对采矿引发的地质灾害进行治理
	松木坪－渔洋关重点防治区（$Ⅰ_4$）	964.35	滑坡、崩塌、地面塌陷	加强对灾害体的监测，多渠道筹集资金开展灾害的工程治理，重点防治对象为松宜矿区、渔关集镇及公路等
	河口－茅坪场重点防治区（$Ⅰ_5$）	456.14	滑坡	加强监测预警，强化矿区生态环境恢复与治理
次重点防治区（Ⅱ）	南阳－高桥次重点防治区（$Ⅱ_1$）	406.55	滑坡、不稳定斜坡	加强监测预警，对重要交通沿线应重点防护
	高岚河流域次重点防治区（$Ⅱ_2$）	377.34	滑坡、崩塌	加强监测预警，对重要交通沿线应重点防护
	都镇湾－资丘－长乐坪次重点防治区（$Ⅱ_3$）	787.77	滑坡、崩塌	加强科普宣传及地质环境保护工作，对重要交通沿线重点防护
	宜昌城区次重点防治区（$Ⅱ_4$）	2 027.85	崩塌、不稳定斜坡	加强监测预警及地质环境保护工作，对景区、公路沿线重点防护。工程建设前进行地质灾害危险性评估工作
	嫘祖－半月－消溪次重点防治区（$Ⅱ_5$）	1 901.41	滑坡、崩塌、不稳定斜坡	加强科普宣传及地质环境保护工作，对景区、公路沿线重点防护
一般防治区（Ⅲ）	除重点、次重点防治区以外的其他地区		滑坡、崩塌、不稳定斜坡	以监测预警及地质环境保护为主，加强地质灾害宣传普及

6 地质遗迹与自然保护区

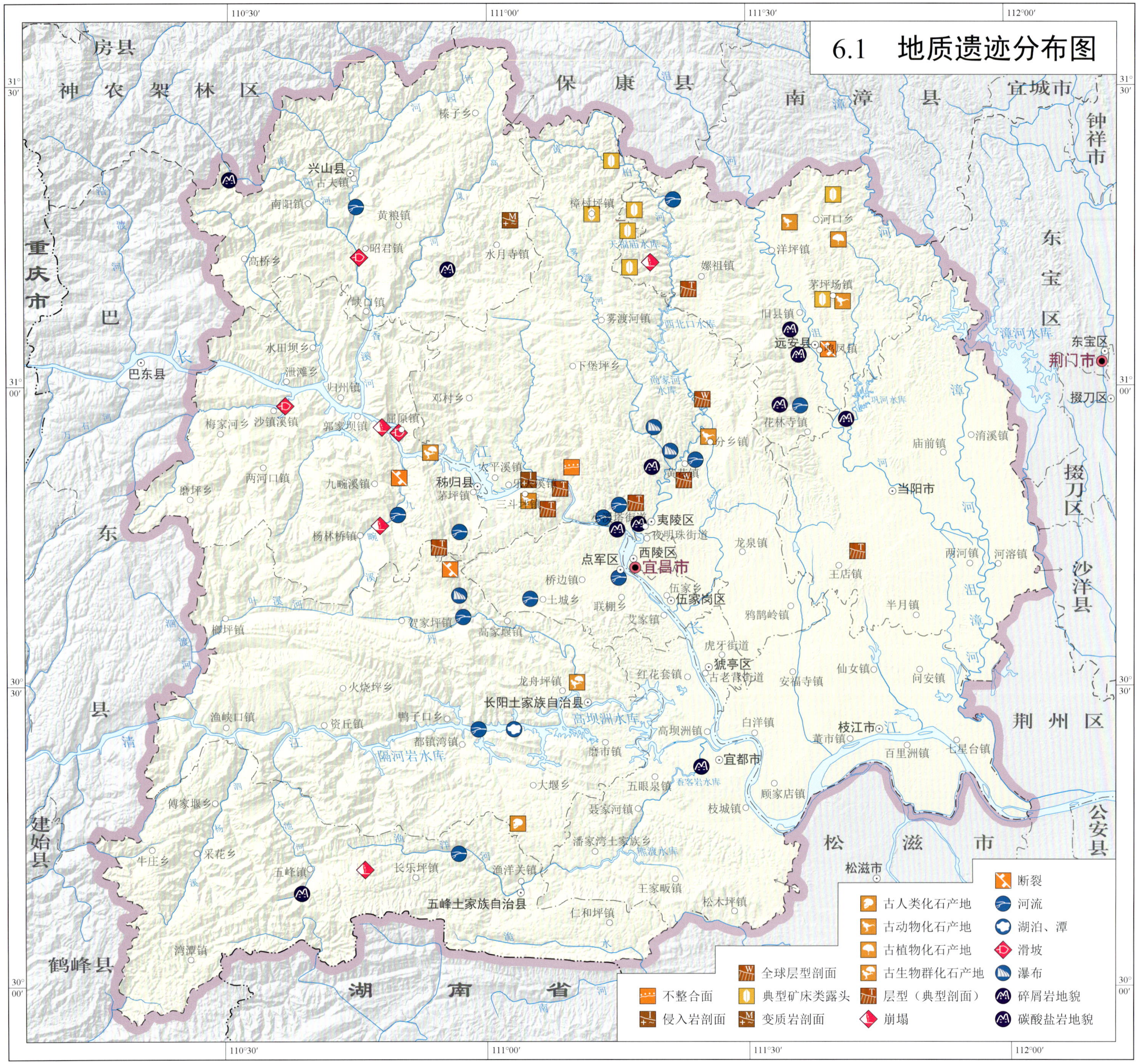

宜昌市特殊的地质构造作用使其成为中国近现代地球科学研究起源地之一。全区地质遗迹丰富多样、类型齐全，资源禀赋好，研究程度高，形成了省级以上标准的地质遗迹资源共66处，其中国家级地质遗迹资源11处，黄花场、王家湾地层剖面以及长阳生物群、三峡和远安张家湾动物群达到了世界级地质遗迹标准。

宜昌市主要地质遗迹资源及类型

序号	地质遗迹名	等级	亚类	序号	地质遗迹名	等级	亚类
1	宜昌黄花场奥陶系剖面	世界级		34	宜昌龙泉洞	省级	
2	宜昌王家湾奥陶系与志留系界线剖面	世界级		35	宜昌双龙洞	省级	
3	湖北长阳寒武纪清江生物群	世界级		36	长阳天柱山	省级	
4	三峡地区埃迪卡拉动物群	世界级		37	五峰长生洞	省级	
5	远安张家湾早三叠世南漳—远安动物群	世界级		38	远安太清洞	省级	
6	宜昌莲沱南华系莲沱组、南沱组层型剖面	国家级		39	兴山神农洞	省级	
7	岩暨南华系—震旦系界线剖面宜昌莲沱花鸡坡盖帽白云	国家级		40	兴山龙门河	省级	
8	宜昌王丰岗震旦系陡山沱组、灯影组层型剖面	国家级		41	兴山高岚山	省级	
9	宜昌莲沱晋宁运动不整合面	国家级		42	远安鸣凤山（丹霞地貌）	省级	
10	长阳人化石洞	国家级		43	远安鹿苑村（丹霞地貌）	省级	
11	庙河生物群	国家级		44	当阳百宝寨（丹霞地貌）	省级	
12	远安茅坪陆生四足动物化石群产地	国家级		45	兴山黄陵古陆核	省级	
13	宜昌樟树坪磷矿	国家级		46	宜昌仙人溪	省级	
14	宜昌西陵峡	国家级		47	宜昌古龙溪	省级	
15	五峰柴埠溪	国家级		48	宜昌车溪	省级	
16	宜昌链子崖岩危岩体	国家级		49	秭归九畹溪	省级	
17	宜昌西陵峡峡东志留系剖面	省级		50	长阳清江小三峡	省级	
18	当阳新店跑马岗白垩系与古近系界线剖面	省级		51	长阳丹水	省级	
19	远安嫘祖荷花中上奥陶统剖面	省级		52	宜昌卷桥河	省级	
20	宜昌三斗-坪黄陵庙黄陵花岗岩岩基剖面	省级		53	秭归泗溪	省级	
21	远安地堑	省级		54	兴山神龙溪	省级	
22	仙女山断裂	省级		55	远安灵龙峡	省级	
23	天阳坪断裂	省级		56	远安龙潭河	省级	
24	远安窑槽九里岗组植物群化石产地	省级		57	长阳千岛湖	省级	
25	宜昌分乡头足类化石群产地	省级		58	长阳五爪观瀑布	省级	
26	宜昌杨家扁磷矿	省级		59	宜昌白果树瀑布	省级	
27	宜昌桃坪河磷矿	省级		60	宜昌情人泉瀑布	省级	
28	远安盘古磷矿	省级		61	远安盐池河崩塌遗址	省级	
29	远安盐池河、苏家坡磷矿	省级		62	秭归老林河崩塌遗址	省级	
30	远安周家棚煤矿	省级		63	五峰天生桥	省级	
31	远安赵家河煤矿	省级		64	宜昌新滩滑坡体遗址	省级	
32	宜昌金狮洞	省级		65	归州千将坪滑坡	省级	
33	宜昌白马洞	省级		66	兴山香溪河西滑带	省级	

资料来源：湖北地质遗迹调查旅游开发公报、已公开发表文献整理。

1 : 830 000　0　8.3　16.6　24.9 km

6.2 旅游资源分布图

资料来源：宜昌市文化和旅游局。

宜昌市旅游资源独具特色，既有以长江三峡风景名胜区为代表的秀丽的自然风光，又有丰富的人文景观，如屈原故里、昭君宅邸等众多历史文化遗址，还有以三峡大坝为代表的宏伟现代建筑工程，开发潜力巨大。全市总共拥有各类旅游景点747处，已开放的旅游景点有350多处，享有盛誉的有100多处。其中共有A级旅游景区47家，包括AAAAA级4家，在全国地级市中仅次于苏州市，与洛阳市并列第二位，进入国家重点旅游城市行列。旅游景点在宜昌市内各区县均有分布，集中分布于宜昌市中部秭归县、夷陵区、西陵区及长阳县。

主要旅游资源及类型

序号	景区名称	等级	公告时间	序号	景区名称	等级	公告时间
1	三峡大坝旅游区	AAAAA	2007 年	24	大宋山森林公园	AAA	2006 年
2	三峡人家风景区	AAAAA	2011 年	25	奥陶纪石林景区	AAA	2006 年
3	清江画廊旅游度假区	AAAAA	2012 年	26	情人泉景区	AAA	2006 年
4	屈原故里文化旅游区	AAAAA	2014 年	27	古潮音洞度假山寨	AAA	2006 年
5	车溪民俗旅游区	AAAA	2004 年	28	鸣翠谷景区	AAA	2006 年
6	西陵峡口风景名胜区	AAAA	2004 年	29	链子崖景区	AAA	2009 年
7	柴埠溪大峡谷风景区	AAAA	2005 年	30	当阳关陵	AAA	2011 年
8	九畹溪风景区	AAAA	2006 年	31	麻池古寨旅游区	AAA	2013 年
9	三游洞景区	AAAA	2006 年	32	步步升布鞋文化村	AAA	2013 年
10	石牌要塞旅游区	AAAA	2006 年	33	天龙湾旅游度假区	AAA	2014 年
11	三峡大瀑布旅游区	AAAA	2009 年	34	西塞国旅游度假区	AAA	2014 年
12	三峡竹海生态风景区	AAAA	2012 年	35	青龙峡漂流景区	AAA	2017 年
13	玉泉山风景名胜区	AAAA	2013 年	36	回龙湾景区	AAA	2017 年
14	高岚朝天吼漂流景区	AAAA	2013 年	37	嫘祖文化园景区	AAA	2017 年
15	鸣凤山景区	AAAA	2014 年	38	西河大峡谷景区	AAA	2017 年
16	金狮洞景区	AAAA	2014 年	39	三峡奇潭景区	AAA	2018 年
17	后河天门峡景区	AAAA	2014 年	40	月亮花谷景区	AAA	2018 年
18	三峡湿地·杨守敬书院	AAAA	2016 年	41	三峡水乡景区	AAA	2018 年
19	百里荒高山草原旅游区	AAAA	2016 年	42	关雎河畔旅游区	AAA	2019 年
20	清江方山景区	AAAA	2018 年	43	三峡富裕山景区	AAA	2019 年
21	三峡九凤谷景区	AAAA	2018 年	44	鲟龙生态园	AAA	2019 年
22	昭君村古汉文化游览区	AAAA	2019 年	45	枝江博物馆	AA	2013 年
23	武陵峡口生态旅游区	AAAA	2019 年	46	潘家湾土家民俗文化博物馆	AA	2014 年

7

资源环境承载能力与国土空间开发适宜性评价

7.1 生态保护功能指向的承载等级

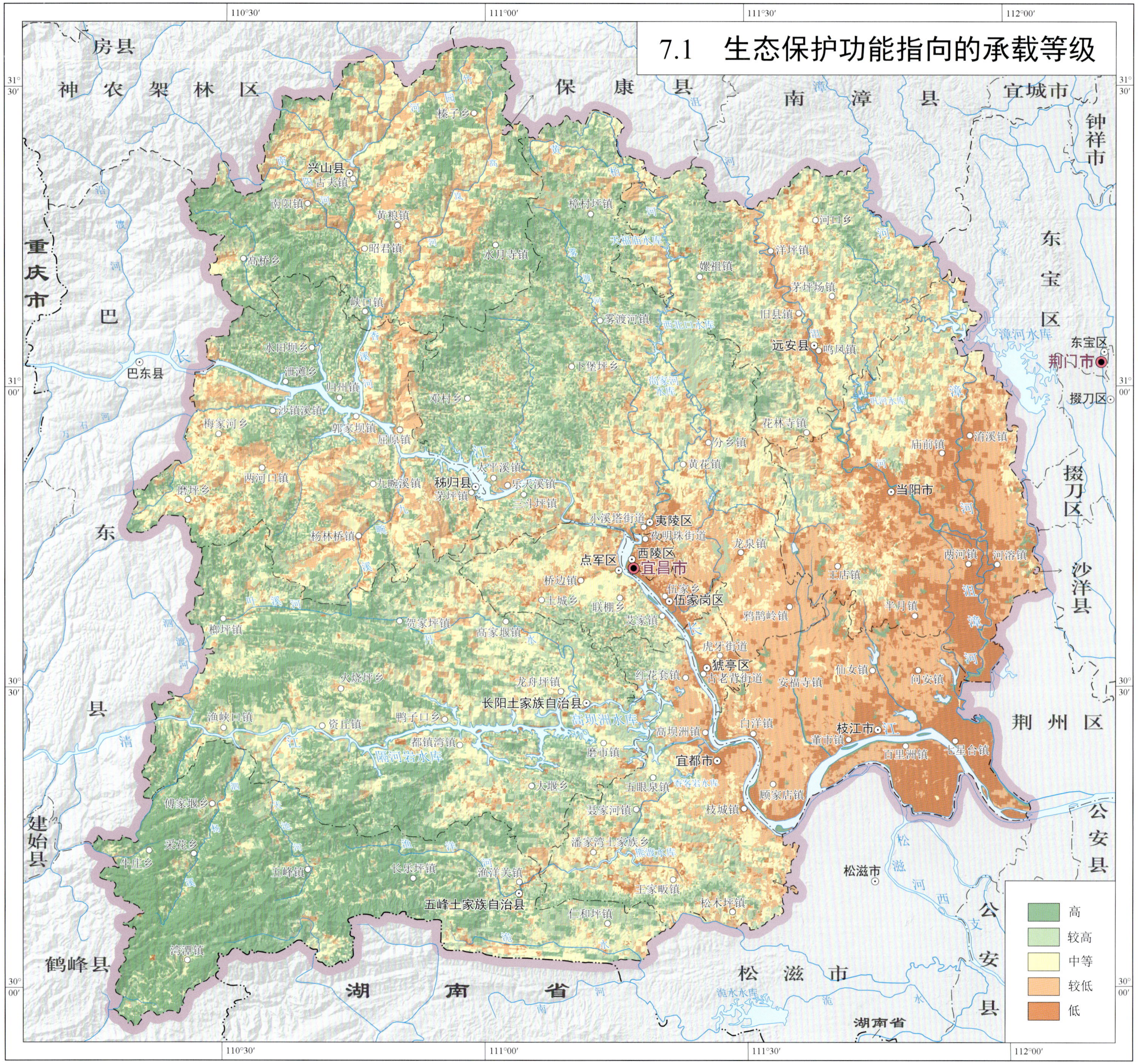

资料来源：中国地质调查局遥感数据、宜昌市规划和自然资源局、宜昌市林业局、宜昌市地理信息中心。

1∶830 000　0　8.3　16.6　24.9 km

通过对区域动植物多样性、环境资源数据、生态系统类型、数字高程模型（DEM）、年平均降水量等数据评价得到生态系统服务功能重要性；通过对DEM、降水量、土壤质地、地表覆盖数据、石漠化监测数据评价得到生态敏感性。本研究采用就高原则对生态系统服务功能重要性、生态敏感性进行集成，再通过生态斑块的集中度和生态廊道与生态系统景观格局进行修正，最后得到生态保护功能指向的承载等级——高、较高、中等、较低、低5个等级。

宜昌市高等级区域占总面积的24.80%，集中分布于西南高山区的五峰县和长阳县；较高和中等等级区域占总面积的45.03%，集中分布于西北部的秭归县、兴山县和夷陵区；较低和低等级区域占总面积的30.17%，集中分布于东部平原区的当阳市和枝江市。较高以上生态保护等级的区域面积占比为44.73%，《宜昌市环境总体规划（2013—2030年）》将宜昌市48.83%的国土面积划定为生态功能红线区，与规划的生态功能红线区面积误差为−4.1%。

宜昌市生态功能指向承载等级结果汇总表

县（市、区）	低		较低		中等		较高		高		合计面积/km²
	面积/km²	比例/%	面积/km²	比例/%	面积/km²	比例/%	面积/km²	比例/%	面积/km²	比例/%	
西陵区	24.48	31.97	30.14	39.37	9.52	12.43	2.99	3.91	9.45	12.32	76.56
伍家岗区	34.10	41.22	30.56	36.94	9.80	11.85	1.30	1.57	6.96	8.41	82.72
点军区	19.22	3.69	120.51	23.11	205.31	39.38	105.43	20.22	70.89	13.60	521.36
猇亭区	32.71	26.83	40.75	33.42	33.05	27.11	5.53	4.54	9.91	8.11	121.93
夷陵区	105.71	3.09	784.48	22.95	916.62	26.81	892.43	26.10	719.49	21.05	3 418.71
远安县	72.08	4.14	351.71	20.18	612.77	35.17	500.33	28.71	205.68	11.80	1 742.47
兴山县	21.13	0.91	516.08	22.27	633.03	27.31	464.20	20.03	683.60	29.48	2 317.80
秭归县	41.41	1.82	563.70	24.76	628.33	27.60	431.76	18.97	611.29	26.85	2 276.38
长阳县	48.79	1.43	280.45	8.21	1 047.08	30.66	915.34	26.80	1 123.47	32.90	3 415.11
五峰县	11.47	0.48	91.24	3.84	357.96	15.07	478.63	20.15	1 436.57	60.46	2 375.77
宜都市	96.51	7.15	392.70	29.09	416.39	30.84	295.08	21.86	149.39	11.06	1 350.00
当阳市	642.26	29.93	872.19	40.65	414.41	19.31	134.81	6.28	82.19	3.83	2 145.75
枝江市	504.45	36.64	673.70	48.94	41.65	3.03	2.51	0.18	154.47	11.21	1 376.61
总计	1 654.33	7.80	4 748.21	22.37	5 325.92	25.10	4 230.35	19.93	5 263.36	24.80	21 221.17

7.2 农业生产功能指向的承载等级

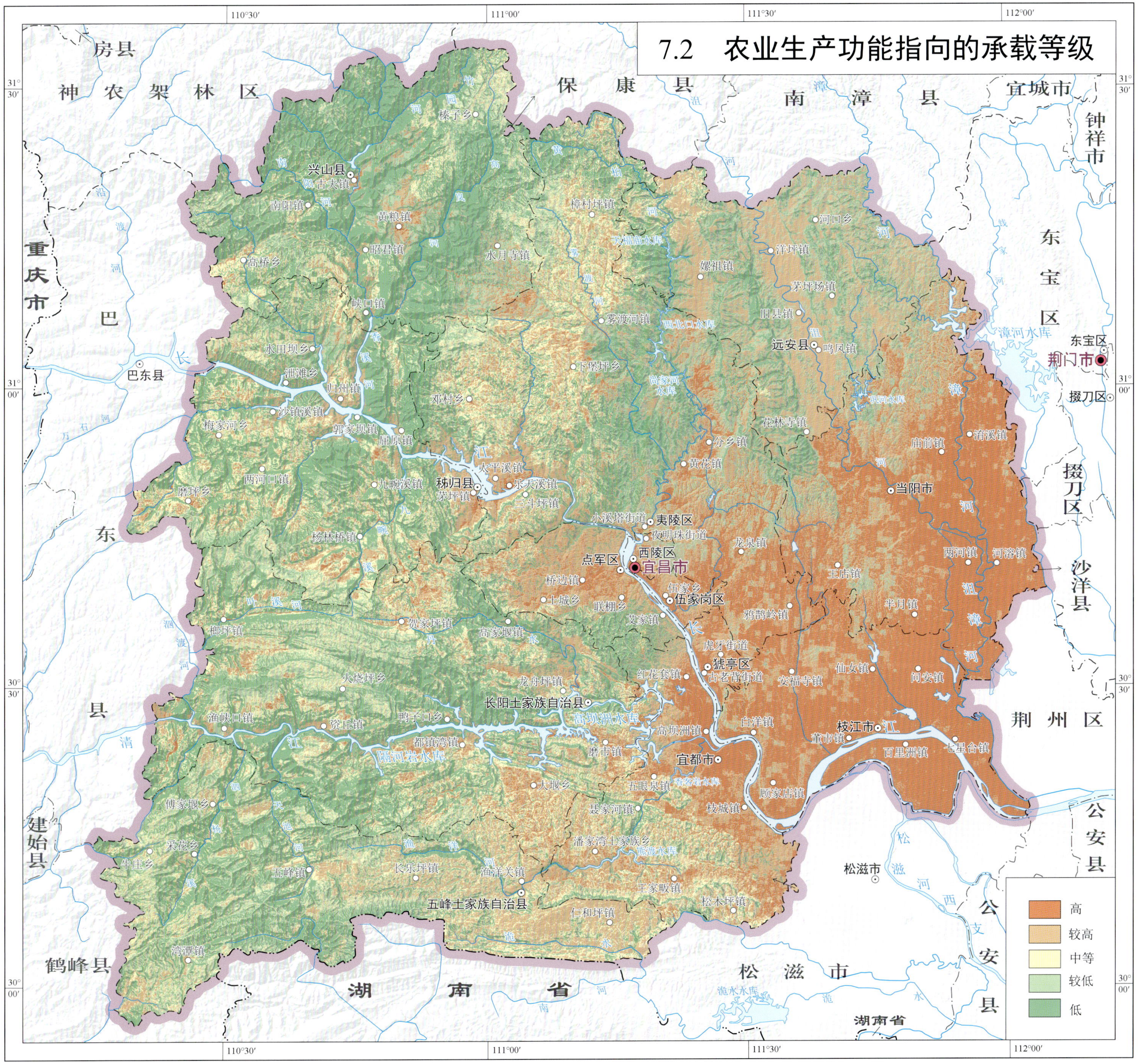

资料来源：中国地质调查局遥感数据、宜昌市规划和自然资源局、宜昌市林业局、宜昌市地理信息中心。

1 : 830 000　0　8.3　16.6　24.9 km

通过对 DEM、土壤质地、降水量、日平均气温大于 0℃活动积温进行评价，得到农业耕作条件、农业供水条件和光热条件。基于农业耕作条件、农业供水条件和光热条件，初步确定农业生产功能指向的承载等级。根据土壤环境容量、气象灾害风险对初步评价结果进行修正，对于土壤环境容量评价结果为最低值的，将初步评价结果下调两个等级；对于气象灾害风险性高的国土空间，将初步评价结果为高的调整为较高等级。修正后，将宜昌市农业功能指向的承载等级，划分为高、较高、中等、较低、低 5 个等级。

宜昌市高等级土地面积约为 3 758.48 km^2，占总面积的 17.71%，集中分布于东部平原区的当阳市、枝江市和猇亭区；较高等级土地面积约为 5 295.72 km^2，占总面积的 24.95%，集中分布于中部丘陵区的西陵区、伍家岗区、点军区和夷陵区东南部；中等等级土地面积约为 3 257.50 km^2，占总面积的 15.35%，在西南高山区的秭归县、五峰县和长阳县相对集中分布；较低等级土地面积约为 2 227.07 km^2，占总面积的 10.49%，在远安县相对集中分布；低等级土地面积约为 6 682.40 km^2，占总面积的 31.49%，集中分布于西部高山区的兴山县、秭归县和长阳县。农业功能承载能力为高等级的区域面积为 3722 km^2，与《宜昌市环境总体规划（2013—2030 年）》划定的 2020 年耕地保有量红线面积（3 280.00 km^2）误差约为 478 km^2，与 2018 年末耕地保有量面积（3 475.00 km^2）相差 283 km^2。

宜昌市农业功能指向承载等级结果汇总表

县（市、区）	低		较低		中等		较高		高		合计面积/km^2
	面积/km^2	比例/%	面积/km^2	比例/%	面积/km^2	比例/%	面积/km^2	比例/%	面积/km^2	比例/%	
西陵区	8.98	11.73	12.11	15.82	—	—	35.92	46.92	19.55	25.54	76.56
伍家岗区	1.73	2.09	2.19	2.65	—	—	38.78	46.88	40.02	48.38	82.72
点军区	127.91	24.53	—	—	39.95	7.66	266.36	51.09	87.14	16.71	521.36
猇亭区	1.68	1.38	1.78	1.46	—	—	50.42	41.35	68.05	55.81	121.93
夷陵区	918.46	26.87	455.53	13.32	604.99	17.70	992.27	29.02	447.46	13.09	3 418.71
远安县	415.69	23.86	466.57	26.78	63.58	3.65	796.60	45.72	0.03	0.00	1 742.47
兴山县	1 406.73	60.69	372.36	16.07	301.45	13.01	206.30	8.90	30.96	1.34	2 317.80
秭归县	1 127.10	49.51	119.07	5.23	549.84	24.15	419.76	18.44	60.61	2.66	2 276.38
长阳县	1 511.27	44.25	263.53	7.72	827.82	24.24	661.05	19.36	151.44	4.43	3 415.11
五峰县	910.07	38.31	303.65	12.78	626.96	26.39	535.09	22.52	—	—	2 375.77
宜都市	193.37	14.32	1.14	0.08	242.91	17.99	520.43	38.55	392.15	29.05	1 350.00
当阳市	54.98	2.56	194.40	9.06	—	—	562.12	26.20	1 334.25	62.18	2 145.75
枝江市	4.43	0.32	34.74	2.52	—	—	210.62	15.30	1 126.82	81.85	1 376.61
总计	6 682.40	31.49	2 227.07	10.49	3 257.50	15.35	5 295.72	24.95	3 758.48	17.71	21 221.17

7.3 城镇建设功能指向的承载等级

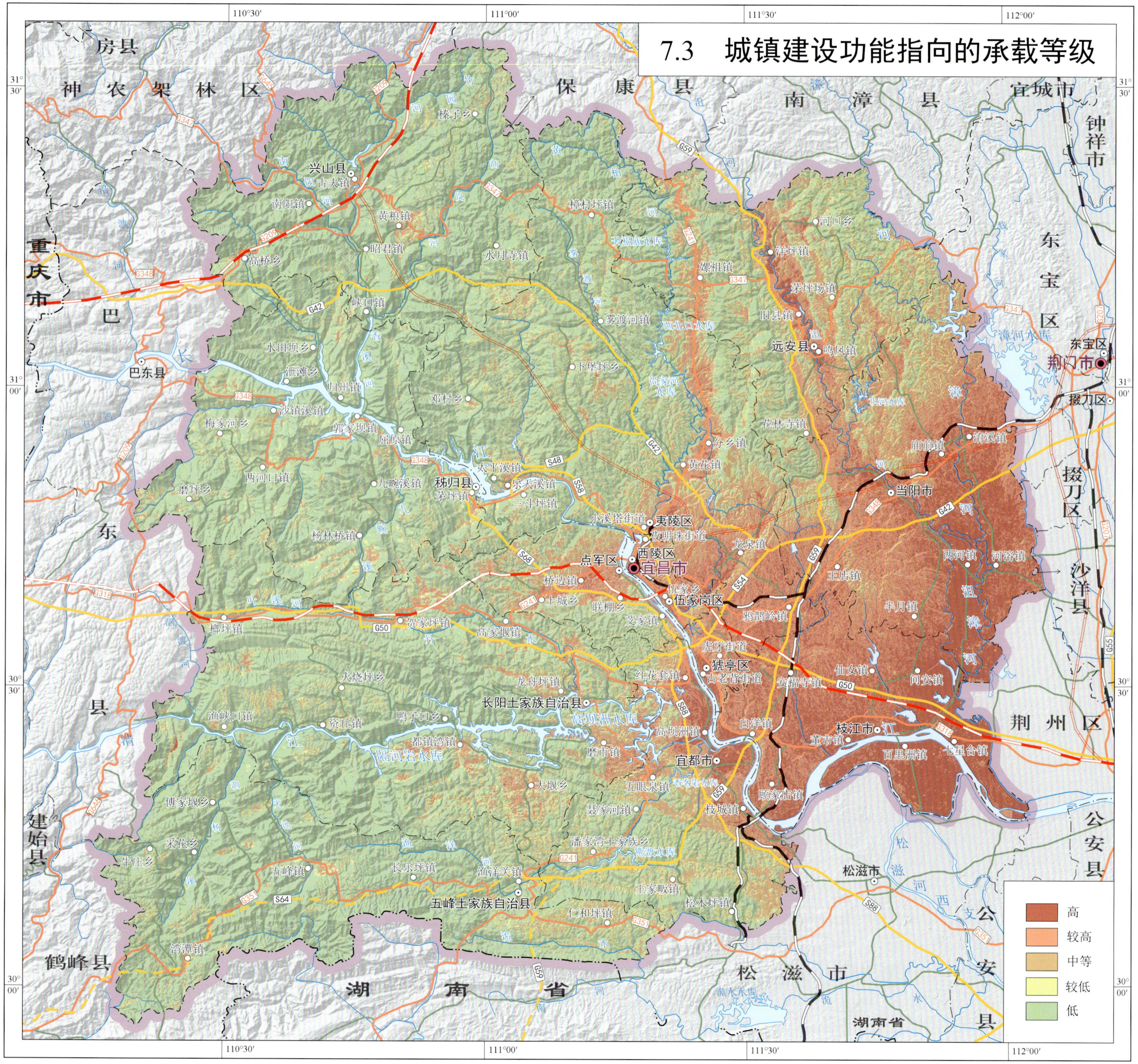

资料来源：中国地质调查局遥感数据、宜昌市规划和自然资源局、宜昌市林业局、宜昌市地理信息中心。

1∶830 000　0　8.3　16.6　24.9 km

通过对DEM、地表水、地下水资源量进行评价得到城镇建设条件和城镇供水条件。基于城镇建设条件和城镇供水条件，初步确定城镇功能指向的承载等级。根据水环境容量、大气环境容量和地质灾害危险性对初步评价结果进行修正，对于水、气环境容量评价结果为最低值的，将初步评价结果下调两个等级；对于水、气环境容量评价结果为次低值的，将初步评价结果下调一个等级。对于初步评价结果为高和较高等级，但地质灾害危险性高的国土空间，将其调整为中等等级；对于初步评价结果为高等级，但地质灾害危险性较高的国土空间，将其调整为较高等级。修正后，将宜昌市城镇功能指向的承载等级，划分为高、较高、中等、较低、低5个等级。

宜昌市城镇建设承载等级以低等级为主，土地面积约为11 781.65 km²，占总面积的55.52%，集中分布于西部高山区的兴山县、秭归县、长阳县和五峰县；其他各等级土地面积大致相同，均占总面积的10%左右，较低和中等等级土地在西部山区零散分布，较高和高等级土地集中分布于中部丘陵—东部平原区。城镇功能承载能力为高等级的区域面积为2 237.13 km²，与《宜昌市环境总体规划》划定的建设用地底线面积（1 359.2 km²）相差877.93 km²。

宜昌市城镇功能指向承载等级结果汇总表

县（市、区）	低		较低		中等		较高		高		合计
	面积/km²	比例/%	面积/km²	比例/%	面积/km²	比例/%	面积/km²	比例/%	面积/km²	比例/%	面积/km²
西陵区	10.00	13.06	7.07	9.23	18.73	24.46	30.41	39.72	10.35	13.52	76.56
伍家岗区	0.72	0.87	3.51	4.24	17.69	21.39	38.99	47.13	21.81	26.37	82.72
点军区	183.54	35.20	85.80	16.46	116.15	22.28	115.68	22.19	20.19	3.87	521.36
猇亭区	1.23	1.01	3.39	2.78	21.24	17.42	58.12	47.67	37.95	31.12	121.93
夷陵区	1 895.30	55.44	500.90	14.65	404.06	11.82	456.94	13.37	161.51	4.72	3 418.7
远安县	741.75	42.57	326.66	18.75	312.44	17.93	276.71	15.88	84.91	4.87	1 742.4
兴山县	2 049.91	88.44	171.87	7.42	73.68	3.18	21.96	0.95	0.38	0.02	2 317.8
秭归县	1 856.34	81.55	262.41	11.53	123.84	5.44	33.73	1.48	0.06	0.00	2 276.3
长阳县	2 452.04	71.80	436.57	12.78	314.15	9.20	189.56	5.55	22.79	0.67	3 415.1
五峰县	1 988.26	83.69	242.00	10.19	116.39	4.90	28.99	1.22	0.13	0.01	2 375.7
宜都市	508.67	37.68	217.56	16.12	266.38	19.73	218.45	16.18	138.94	10.29	1 350.0
当阳市	90.36	4.21	121.23	5.65	293.03	13.66	799.64	37.27	841.49	39.22	2 145.7
枝江市	3.53	0.26	7.77	0.56	46.60	3.39	422.09	30.66	896.62	65.13	1 376.6
总计	11 781.65	55.52	2 386.74	11.25	2 124.38	10.01	2 691.27	12.68	2 237.13	10.54	21 221.1

7.4 生态保护重要性评价

资料来源：中国地质调查局遥感数据、宜昌市规划和自然资源局、宜昌市林业局、宜昌市地理信息中心。

根据生态保护功能指向的承载等级评价结果，扣除水域面积后，确定生态保护极重要区、重要区的备选区域。将生态保护重要性等级高的空间单元作为生态保护极重要区的备选区域；将生态保护重要性较高、中等、较低的空间单元作为生态保护重要区的备选区域；将生态保护重要性等级为低的空间单元直接划定为生态保护一般区。通过将邻近的图斑聚合为相对完整连片的地块，分别对生态保护极重要备选区和重要备选区进行聚合操作，聚合距离采用90 m，根据斑块集中度评价分级参考阈值将斑块集中度分为低、较低、一般、较高、高5个等级。按照斑块集中度与生态保护重要性参考判别矩阵，进一步确定生态保护极重要区、重要区和一般区。

宜昌市生态保护极重要区面积为4 552.95 km^2，占总面积的21.45%，集中分布于西部高山区的五峰县、长阳县、兴山县等地；重要区面积为13 315.89 km^2，占总面积的62.75%，集中分布于中部的丘陵区；一般区面积为3 352.33 km^2，占总面积的15.80%，在东部平原区的枝江市、当阳市和长江沿岸均有分布。

宜昌市生态保护重要性评价等级结果汇总表

县（市、区）	一般保护区		重要保护区		极重要保护区		合计面积 / km²
	面积 / km²	比例 / %	面积 / km²	比例 / %	面积 / km²	比例 / %	
西陵区	27.95	36.51	45.34	59.22	3.27	4.27	76.56
伍家岗区	38.13	46.09	44.44	53.73	0.15	0.18	82.72
点军区	80.51	15.44	406.77	78.02	34.08	6.54	521.36
猇亭区	39.26	32.19	80.02	65.63	2.65	2.18	121.93
夷陵区	448.69	13.12	2 353.29	68.84	616.73	18.04	3 418.71
远安县	230.72	13.24	1 358.57	77.97	153.18	8.79	1 742.47
兴山县	214.06	9.24	1 459.01	62.95	644.73	27.82	2 317.80
秭归县	306.38	13.46	1 419.72	62.37	550.29	24.17	2 276.38
长阳县	335.14	9.81	2 088.05	61.14	991.92	29.05	3 415.11
五峰县	192.98	8.12	760.68	32.02	1 422.10	59.86	2 375.77
宜都市	210.28	15.58	1 062.99	78.74	76.73	5.68	1 350.00
当阳市	713.23	33.24	1 409.28	65.68	23.24	1.08	2 145.75
枝江市	515.01	37.41	827.72	60.13	33.88	2.46	1 376.61
总计	3 352.33	15.80	13 315.89	62.75	4 552.95	21.45	21 221.17

7.5 农业生产适宜性评价

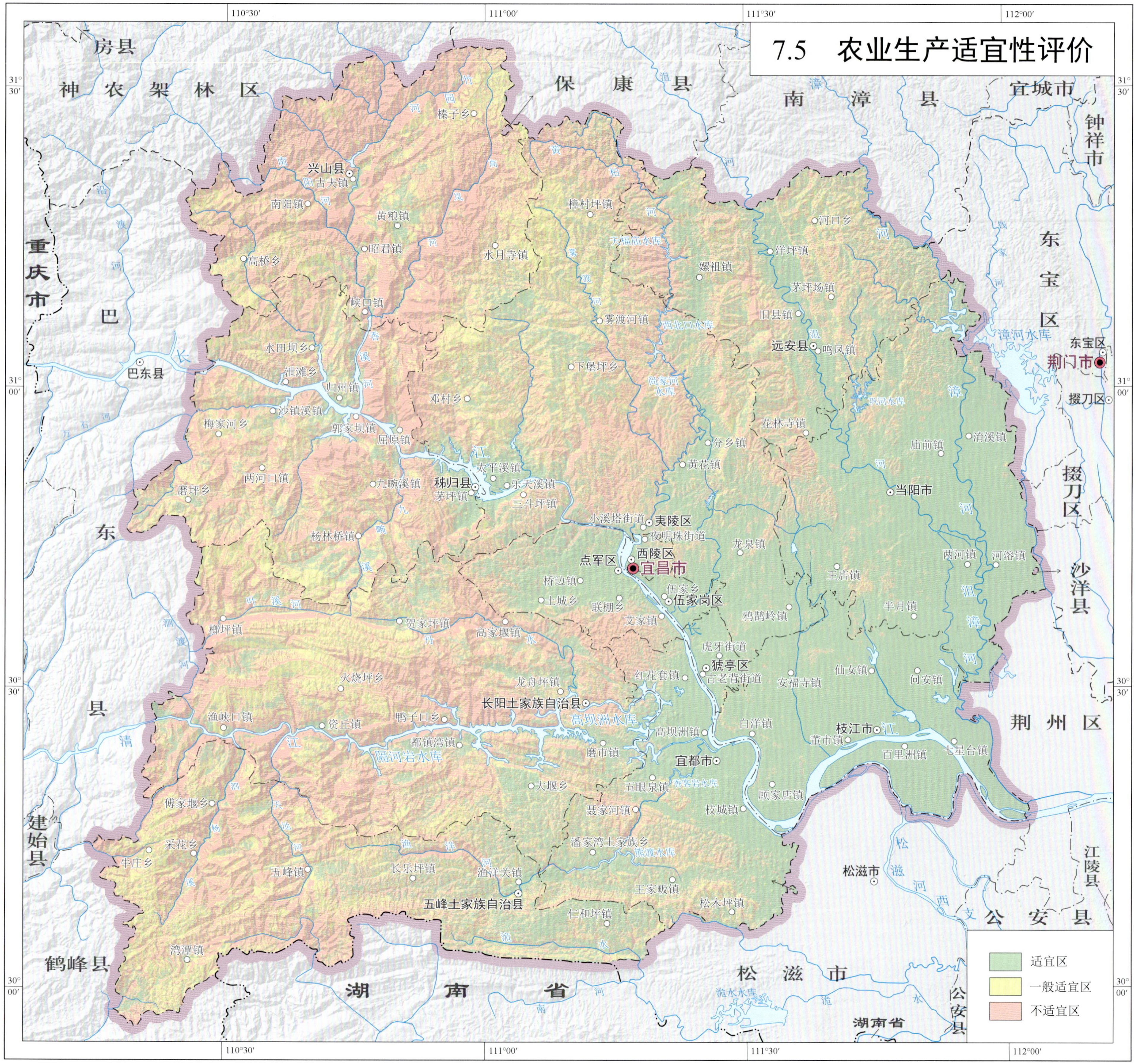

根据农业生产承载等级，确定农业生产适宜区、一般适宜区的备选区域，将农业生产承载等级高、较高的空间单元作为农业生产适宜区的备选区域；将农业生产承载等级较高、中等、较低的空间单元作为农业生产一般适宜区的备选区域；将农业生产承载等级低的空间单元直接划定为农业生产不适宜区。根据地块连片度初步确定农业生产适宜性等级，地块连片度计算时，聚合距离采用90 m。按照农业生产承载等级与地块连片度判别矩阵，进一步划分农业生产适宜区、一般适宜区和不适宜区。

宜昌市农业生产适宜性等级空间分布特征，与生态保护重要性大致相反。适宜等级的土地面积为8 470.55 km^2，占总面积的39.92%，在东部平原区、长江沿岸、远安地堑位置均有分布；一般适宜等级的土地面积为3 673.38 km^2，占总面积的17.31%，在各区县均有零散分布；不适宜等级的土地面积为9 077.24 km^2，占总面积的42.77%，集中分布在西部山区。

宜昌市农业生产适宜性评价等级结果汇总表

县（市、区）	不适宜区		一般适宜区		适宜区		合计面积 / km²
	面积 / km²	比例 / %	面积 / km²	比例 / %	面积 / km²	比例 / %	
西陵区	20.66	26.99	2.71	3.54	53.19	69.47	76.56
伍家岗区	4.56	5.51	1.50	1.81	76.66	92.67	82.72
点军区	160.79	30.84	27.80	5.33	332.77	63.83	521.36
猇亭区	4.32	3.54	1.25	1.03	116.36	95.43	121.93
夷陵区	1 454.50	42.55	671.86	19.65	1 292.35	37.80	3 418.71
远安县	687.85	39.48	268.79	15.43	785.83	45.10	1 742.47
兴山县	1 633.17	70.46	516.83	22.30	167.80	7.24	2 317.80
秭归县	1 349.50	59.28	537.87	23.63	389.01	17.09	2 276.38
长阳县	1 928.93	56.48	804.01	23.54	682.17	19.98	3 415.11
五峰县	1 208.37	50.86	670.40	28.22	497.00	20.92	2 375.77
宜都市	354.51	26.26	126.14	9.34	869.35	64.40	1 350.00
当阳市	230.16	10.73	42.08	1.96	1 873.51	87.31	2 145.75
枝江市	39.92	2.90	2.14	0.16	1 334.55	96.94	1 376.61
总计	9 077.24	42.77	3 673.38	17.31	8 470.55	39.92	21 221.17

资料来源：中国地质调查局遥感数据、宜昌市规划和自然资源局、宜昌市林业局、宜昌市地理信息中心。

1∶830 000　0　8.3　16.6　24.9 km

7.6 城镇建设适宜性评价

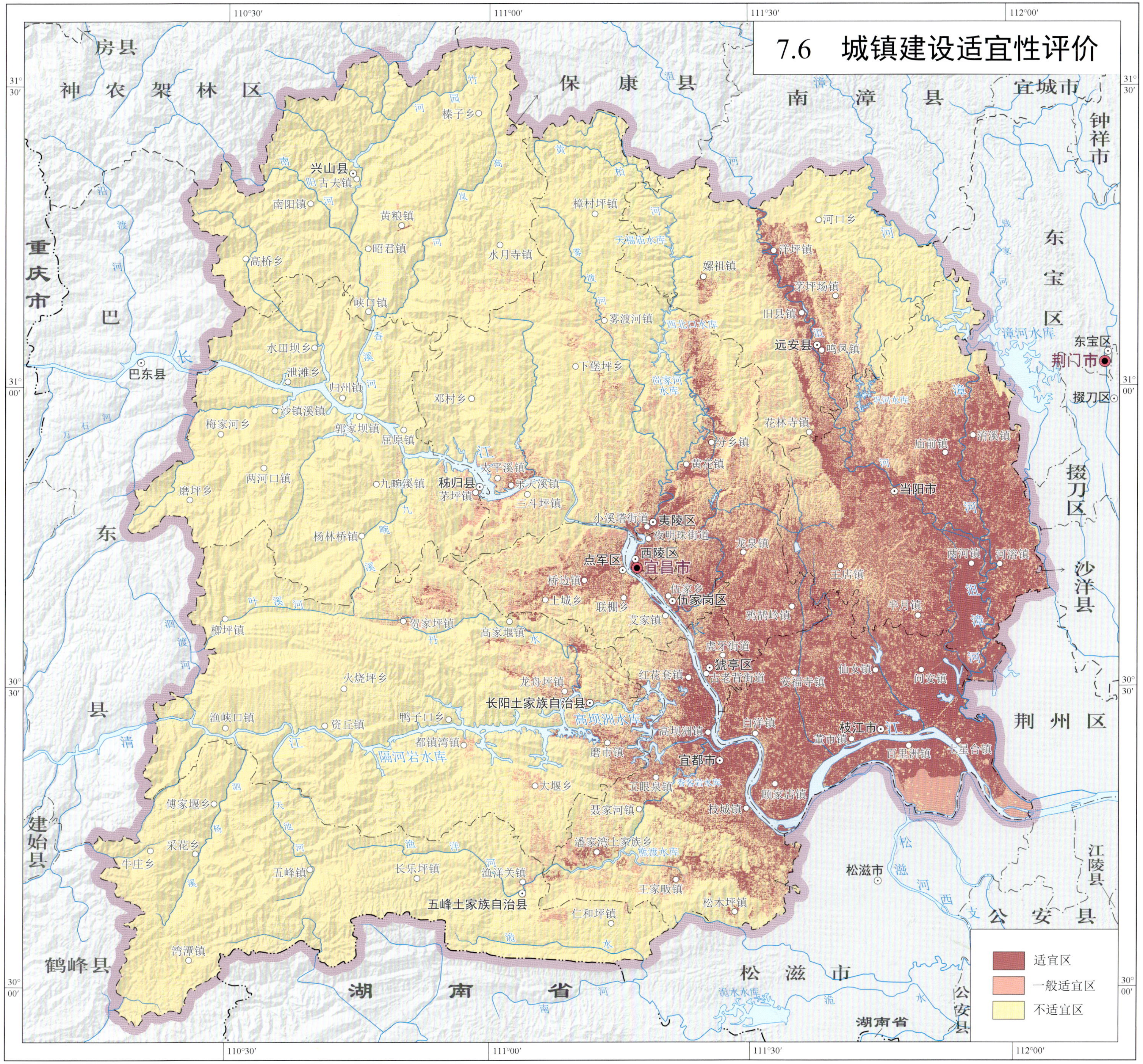

资料来源：中国地质调查局遥感数据、宜昌市规划和自然资源局、宜昌市林业局、宜昌市地理信息中心。

1∶830 000　0　8.3　16.6　24.9 km

根据城镇建设承载等级，确定城镇建设适宜区、一般适宜区的备选区域，将城镇建设承载等级高、较高的空间单元作为城镇建设适宜区的备选区域；将城镇建设承载较高、中等、较低的空间单元作为城镇建设一般适宜区的备选区域；将城镇建设承载低的空间单元直接划定为城镇建设不适宜区。根据地块集中度初步确定城镇建设适宜性等级，地块集中度计算时，聚合距离采用90 m。按照城镇建设城镇等级与地块集中度判别矩阵，进一步划分城镇建设适宜区、一般适宜区和不适宜区。根据综合优势度修正城镇建设适宜性分区。对于综合优势度评价结果为低的地块，将初划适宜性分区结果均划分为不适宜区；对结果为较低的地块，将初划结果下调一级；对结果为高的地块，将适宜性分区初划结果中的一般适宜区上调一级为适宜区。

宜昌市城镇建设适宜性等级空间分布特征，与农业生产适宜性相似。适宜等级的土地面积为3 749.59 km^2，占总面积的17.67%，集中分布于东部平原区及远安地堑位置；一般适宜等级的土地面积为905.10 km^2，占总面积的4.27%，在各区县零星分布；不适宜等级的土地面积为16 566.48 km^2，占总面积的78.06%，在西部山区大面积分布。

宜昌市城镇建设适宜性评价等级结果汇总表

县（市、区）	不适宜区		一般适宜区		适宜区		合计面积/km²
	面积/km²	比例/%	面积/km²	比例/%	面积/km²	比例/%	
西陵区	36.39	47.53	0.00	0.00	40.17	52.47	76.56
伍家岗区	32.26	39.00	3.45	4.17	47.01	56.83	82.72
点军区	349.80	67.09	69.86	13.40	101.70	19.51	521.36
猇亭区	42.82	35.12	0.00	0.00	79.11	64.88	121.93
夷陵区	2 682.97	78.48	270.99	7.93	464.75	13.59	3 418.71
远安县	1 453.95	83.44	94.26	5.41	194.26	11.15	1 742.47
兴山县	2 301.79	99.31	10.70	0.46	5.31	0.23	2 317.80
秭归县	2 226.49	97.81	45.33	1.99	4.56	0.20	2 276.38
长阳县	3 172.14	92.89	136.58	4.00	106.39	3.12	3 415.11
五峰县	2 348.37	98.85	18.56	0.78	8.84	0.37	2 375.77
宜都市	843.93	62.51	63.00	4.67	443.07	32.82	1 350.00
当阳市	829.79	38.67	102.22	4.76	1 213.74	56.56	2 145.75
枝江市	245.78	17.85	90.15	6.55	1 040.68	75.60	1 376.61
总计	16 566.48	78.06	905.10	4.27	3 749.59	17.67	21 221.17